U0520627

永远的小春日和
之人生无悔

[日] 津端英子
津端修一 著

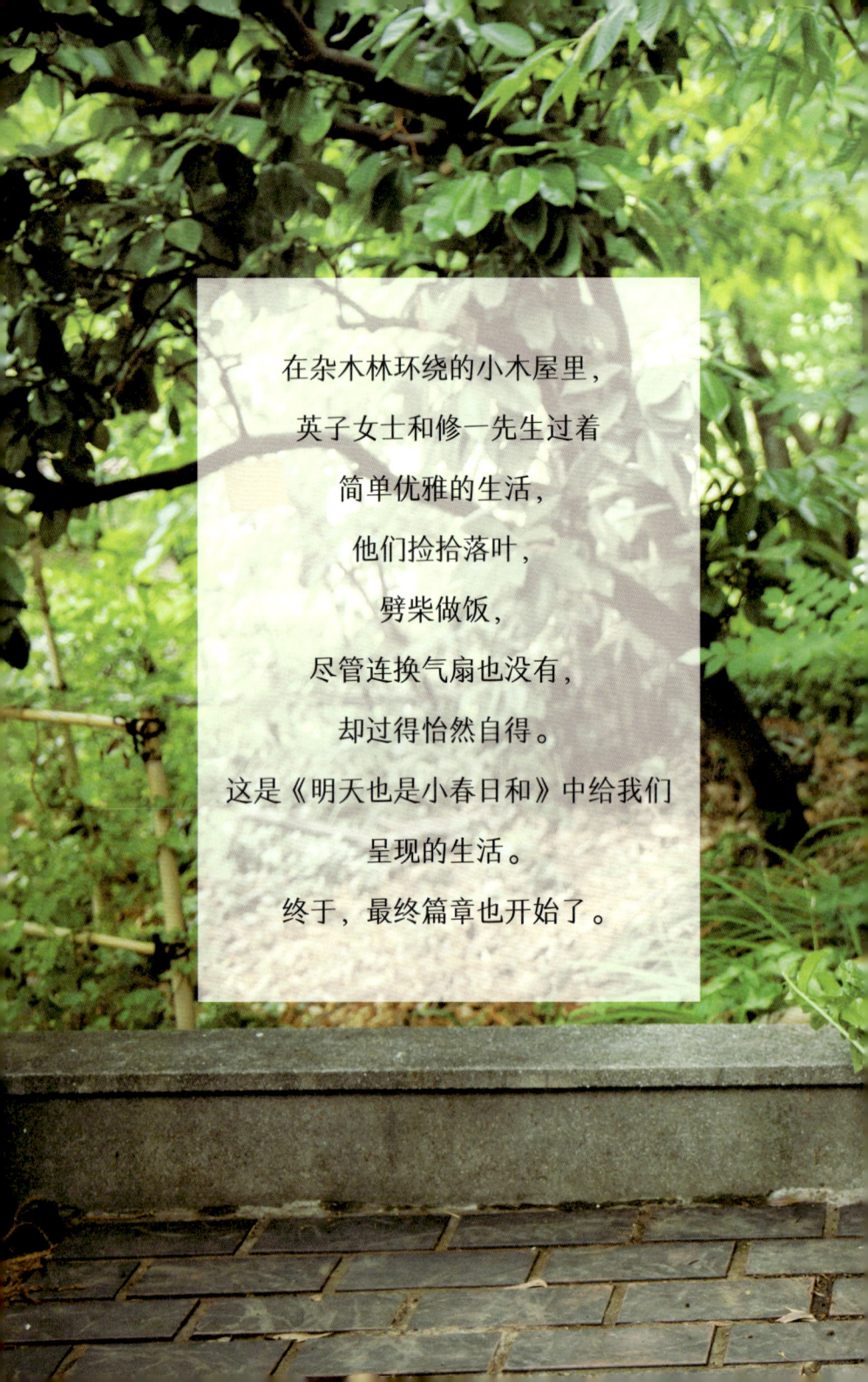

在杂木林环绕的小木屋里，
英子女士和修一先生过着
简单优雅的生活，
他们捡拾落叶，
劈柴做饭，
尽管连换气扇也没有，
却过得怡然自得。
这是《明天也是小春日和》中给我们
呈现的生活。
终于，最终篇章也开始了。

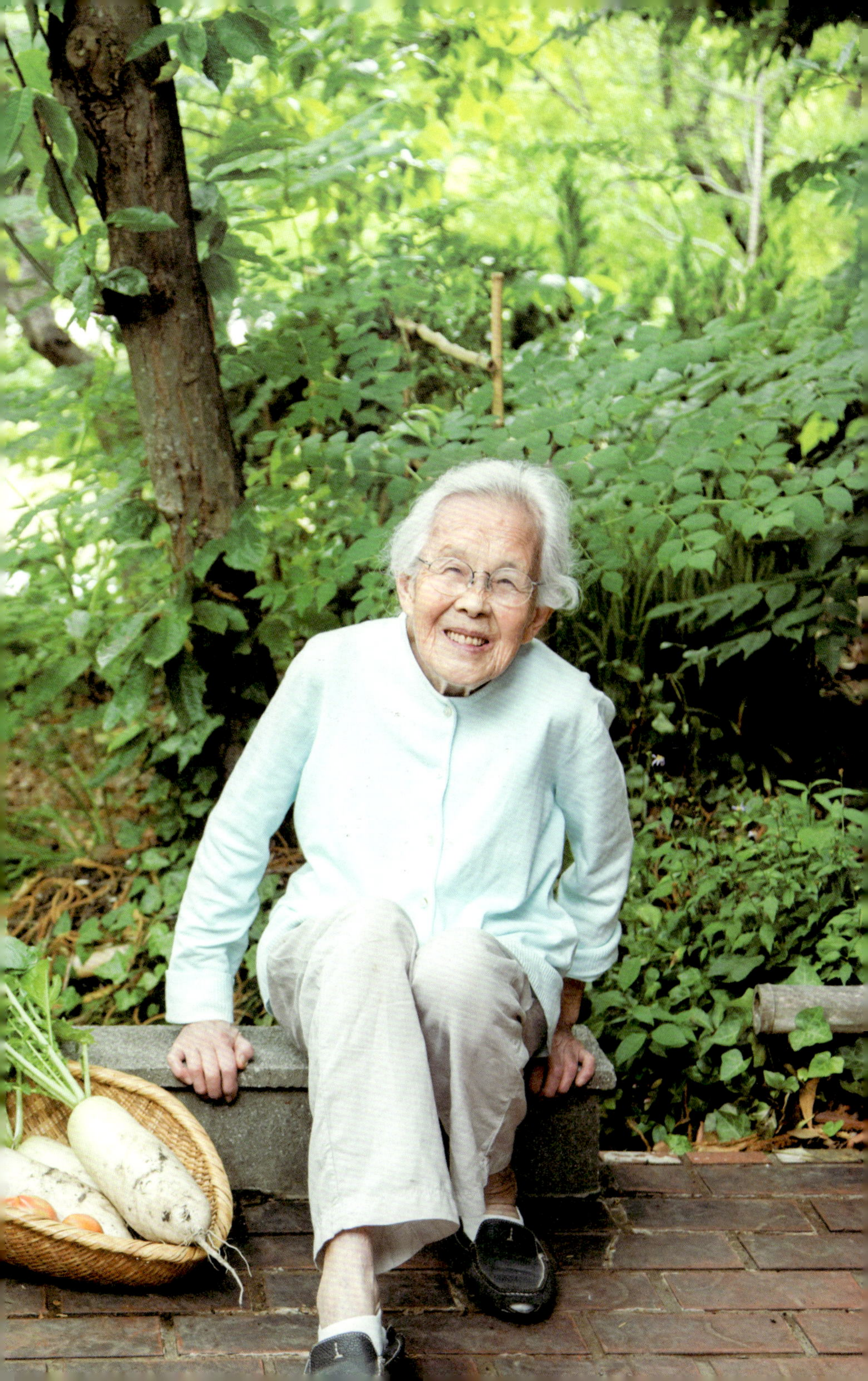

修一先生
Shuichi Tsubata

生于 **1925.1.3**

B 型血

2015.6.2 与世长辞

享年 **90** 岁

人生

从东京大学第一工学部毕业后，先后在建筑设计事务所及日本住宅公团任职。以津端家所在的高藏寺新城为代表，先后负责了多个宅地的建造。之后，又担任了广岛大学教授等职。退休后成为了一名自由时间评论家，非常活跃。喜爱驾驶着帆船扬帆出海。

英子女士
Hideko Tsubata

生于 **1928.1.18**

O 型血

擅长之事
不擅长之事

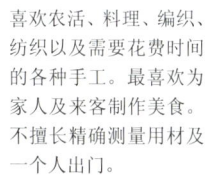

喜欢农活、料理、编织、纺织以及需要花费时间的各种手工。最喜欢为家人及来客制作美食。不擅长精确测量用材及一个人出门。

人生回顾

出生于爱知县半田一家酿酒老店,在家人的宠溺中长大。凡事无须自己动手,自有他人代劳。自幼体弱多病,因此只吃母亲做的饭菜。10多岁时父母双亡。27岁时,通过相亲与修一先生相识,婚后育有两个女儿。

春夏

- 100 春天的菜园
- 102 3月，播种
- 105 果酱与果冻
- 106 初夏的菜园
- 108 7月，移植决明子苗
- 110 英子女士的器皿
- 113 春夏宴客

坚持每天都做少许工作

- 115 在被窝里思考明天
- 116 生活就是点滴的积累
- 117 每天早上打水
- 118 餐桌美味的守护者——冷冻柜
- 119 及时把肉类分成小份，并冷冻起来
- 120 蔬菜不够，海苔来凑
- 121 每天洗衣，每天熨烫
- 122 新年与家人乐享美食
- 124 修一先生的供饭 2
- 126 与明天紧密相连

番外篇

《明天也是小春日和》

- 129 修一先生和 MACHI SANA 1
- 131 修一先生最后的工作
- 132 一切始于一次通话
- 134 打造非「直线」空间
- 136 想把这里打造成包容多样性的场所
- 138 发挥才智，实现与大自然的和谐共生
- 140 继承了英子女士的精神
- 143 同时落成的咖啡馆，是个悠闲放松的好地方
- 145 修一先生和 MACHI SANA 2

过一段「无悔的人生」

- 147 修一先生的遗嘱
- 148 「无悔的人生」
- 150 修一先生的金句
- 154 修一先生的插画集

- 156 英子女士最后的话

结语

- 158 永远的小春日和

目录

永远的小春日和 之 人生无悔

修一先生和英子女士

8 即使一个人生活……
10 来，先喝杯茶吧
12 用时间酿造的美味来招待客人
14 为了方便，换了新品
16 菜园生活开始了

新的一天开始了

19 饭量减少了
20 笔直的走廊和日光灯
24 修一先生的供饭1
26 时间的齿轮重启了
28 完成修一先生未竟的工作
30 昭和36年，36岁左右

秋冬

36 10月，制作柿饼
38 秋天的菜园
40 1月，银装素裹的清晨
42 冬天的菜园
44 2月，春天的气息
46 英子女士的餐具
49 秋冬宴客

英子女士的点心和菜肴

68 栗子蛋挞
68 蒸面包
69 豆沙馅儿和年糕小豆汤
70 樱桃蛋糕卷
73 用面包机烤制面包
74 御烧
75 炖五条鰤
77 治部煮
78 西红柿炖鸡肉
79 早餐蔬菜汤
81 油炸竹荚鱼

回归到正常生活

51 电影上映
52 地里活儿和午休应付了事
56 修一先生的精神
58 节俭的生活
62 英子女士的一天
64 该织袜子啦

从昨天走来，向着明天走去！

83 积存时间
88 夫妇之间，家人之间
92 食物、生活

7

欢迎来到津端家！

即使一个人生活，也保持着日出而作，日落而息的生活

　　修一先生离世后，生活依然在继续着。在津端家这间 72 平方米的房子内，一切还都和他在世时一样。无论是修一先生的工作室、床，还是安托尼·雷蒙德赠送的椅子都原封不动地保留着。餐厅的饭桌上，摆放着英子女士做的一日三餐。除此之外，还有修一先生的"供饭"。一切，好像不曾有过任何改变，英子女士依旧像往常一样起床、去地里、做饭、洗衣……

用铁锹一锹一锹挖坑，然后一株一株栽种的苗木早已长成参天大树。杂木林是大自然的恩赐。夏天，茂密的枝叶可以遮挡似火的骄阳；冬天，叶落殆尽，阳光穿过枝丫的间隙，把这里晒得暖洋洋。落叶是大自然给予的礼物，养肥了这片土地。

用柠檬草做成茶，再冰镇一下，喝一口沁人心脾，消暑解渴。

将院子里栽种的柠檬草割一些，洗干净后切成 5cm 长短，冷冻起来备用。

柠檬草茶

细心的英子女士总是提前备好茶，炎炎夏日是消暑解渴的冰镇茶，冬天则是热乎乎的暖胃茶，客人来了之后就可以直接饮用。一口下去，满满柠檬草的清香。这可需要"把热茶倒进去，等冷凉后再冻起来呢"。设想在骄阳的炙烤下满身大汗的访客喝到这样的茶，一口下去定是心旷神怡。

"不过，我基本上不喝凉茶。"英子女士补充道。菜园茶的味道，与当天的气温、天气也有很大关系。

来，先喝杯茶吧

酸橙成熟后摘下来,切成薄片往茶杯里一放,加入热水后一杯清香爽口的酸橙茶就好啦。"还可以根据个人口味加入砂糖。"

酸橙茶

栗金团

放在桌上的篮子。水开了之后就可以制作酸橙茶了,做好后往茶碗里一倒,再把茶碗放进篮子里。

秋季的茶点,利用自家栗子做成的栗金团。

用时间酿造的美味来招待客人

冷冻后的鲣鱼非常坚实,用刀根本切不动!需要用擀面杖从上往下这样捶打才行呢(笑)。

今天的主食是大杂烩①,"来来来,赶紧趁热吃"。

将砂锅锅盖反过来放就成为隔热垫啦。

"天哪,锅盖竟然还可以这样用啊,我原来都不知道(笑)。"整个砂锅都放在饭桌上了。

---

① 将豆腐、萝卜、鱼肉山芋丸子等穿成小串,再加糖和酱油炖煮而成。

准备了很多制作鲣鱼生鱼片使用的作料，比如：花椒、冬葱、葱、茗荷、自家做的糖醋生姜。

美味的决明子茶，早已放在桶里冰好，拿起来后就可以咕咚咕咚大口喝。

田里的蔬菜和比较后订购的鱼呀、肉呀都可以放在砂锅里，咕嘟咕嘟炖上几个小时。有时，在客人来的好几天前就开始准备了。用砂锅炖美味料理，是英子女士招待客人的必备菜。

"我们家的土地非常肥沃，所以长出的蔬菜新鲜水灵又美味。煮汤时，即使什么都不放，用高汤煮一下，一锅美味就做成了。"

→ 烤面包机

"女儿给我买了一台新的烤面包机,不仅可以烤面包,而且还可以加热食物。"

为了方便,换了新品

← 电话

"新买的电话有一个好处,能看到谁打过来的。不过,声音不是非常清晰,这点可比不上之前的黑电话哪。"

水壶

修一先生去世后，英子女士开始了一个人的生活。为了母亲生活方便，她的女儿将部分生活用品更换成了新的。

烤面包机已经用了好多年头了，女儿怕母亲用着不安全，于是买了个评价不错的新面包机。电话样式虽然简单，但是可以录音，从而可以避免骚扰电话。虽然物品在一点点更新，然而生活却没有丝毫变化。

雷蒙德赠送的椅子也换了新装

雷蒙德夫妇赠送的椅子，耐用又舒适，最近更换了新的椅面。

菜园生活开始了

"浇水壶用完之后我又乱放了，等用时，又该找不到在哪儿了（笑）。"

这之前一直光顾着修一的饮食了，地里的活儿就有点应付。现在，吃我做的饭的那个人去了，我也失去了做饭的意义，陷入了迷茫之中。

就这样过了一段时间，有一天我突然想起修一给我说的话："即使没有钱，我们只要给孩子们留下这片肥沃的土地，生活就没有什么好担忧的。"

于是，我意识到"再也不能这样下去了"。

英子女士决定完成自己的使命：守护土地，并将其交给下一代。于是，英子女士开始回归田地，虽然慢却也有条不紊。

一天只工作一个小时。

虽然种类少了很多,蔬菜却没有断。吃的时候,剥去白菜外侧的皮,食用鲜嫩美味的中央部分。

之前顾不上打理的田地,准备今年一开春,就除草、翻土、施肥,为春种做好准备。

新的一天开始了

给久疏于管理的土地除草后，重新种上蔬菜。先从田里开始，让那往昔的生活慢慢回到轨道上来吧。

> 一个人不行啊，吃饭也不当回事，总是凑合凑合了事。

"我这辈子都是为他人而活着，等到只剩下自己了，突然没了方向，不知道要做些什么，"英子女士说道，"结果饭量少了，体重也轻了。"

饭量减少了

"一直以来，修一说什么我就听什么。所以，他走了之后的很长一段时间，我都无所适从。

"就连做饭也是以修一的口味为主，做好后，我跟着一起吃。修一就是我的指南针，这个指南针没有了，我的生活也乱套了。

"不知道该做些什么。做饭失去了兴趣，也没了心思，所以，提不起劲儿。无论吃什么，都味同嚼蜡。"这样过了一段时间，不仅饭的种类减少了，而且做的量也少了。

"最后，慢慢地就陷入了恶性循环。一个人真是不行啊。"

笔直的走廊和日光灯

修一88岁左右的时候，因为身体原因住了院。

"因为肾脏的情况不是很乐观，所以就在医院待了一段时间。有时，他会向我吐槽道：医院哪儿哪儿都是笔直的走廊和刺眼的日光灯，讨厌死啦！在此之前一直都是定期去医院检查，实在不行了才去住院。看得出来，他相当讨厌医院。

"为了他的身体健康，我一直都非常注意饮食。我再也不想让修一去医院受那个罪了，思前想后，我觉得必须去除身体里面的盐分。"从此以后，英子女士开始了少盐生活。

不知道是不是因为采用了这种方法的缘故，修一先生的肾脏得到了很大改善。不过，这次心脏却又出现了问题。

顾不上打理的
菜园……

菜园里的野草疯长，差不多有一人高了。修一还在世的时候，都是我们两个人一起锄草，撒种。现在剩我一个人，唉，都不知道从哪儿下手了。

"医院的医生只说了句：毕竟已经90岁高龄了，就没再往下说下去。其实，即使他给我说了具体的数字，我也能接受。"

这两年间，为了修一先生的健康，英子女士不仅翻阅了大量资料，还做了很多尝试，只为做出有利于修一先生健康的美食。

"修一先生去世后，您觉得寂寞吗？"我问道。

"不是寂寞，而是无尽的虚空。不光田里的活儿提不起一点劲儿，就连每天固定的工作量也只能勉强做一点。我的最大愿望就是为修一做出可口的食物，听他说一句'好吃'，我就心满意足了。如今，他却不在了。大概因为这个，我才会陷入这无边无尽的虚空吧。因为，我再也无事可做，无事想做了。"

出院后制作的油画板

"我是一个为他人而活的人,(修一走了之后)多亏了家里总是人来人往,我才得以活了下来。"英子女士总是这么说。

这个世界上最需要我照顾的人去了,所以很长一段时间我都无所适从,不知道要做什么。

"女儿很担心我,总是对我说:'工作结束后记得给我个电话啊。'为了不让她担心,我努力恢复到之前的生活节奏上。夏天一到,5点就起床了,在田里工作1个小时后再张罗早饭。下午睡个慵懒的午觉,晚上过了8点就上床睡觉。"

从医院回来后，修一颇感慨地说："还是自家舒服啊，简直就是世外桃源嘛。"为此，还特意制作了油画板和彩旗。

修
一
先
生
的
供
饭
1

　　即使是供饭，英子女士做起来也毫不含糊。每一种都是修一先生爱吃的食物，比如：醋藕片、炒牛蒡丝、烤白鱼等。每样菜都盛了一些。除此之外，还搭配了米饭和决明子茶。偶尔，还有梅子红烧肉。

　　"我平时常备着修一生前喜欢吃的食物，以用作供饭。现在不用再忌讳盐了，所以做饭时多少会放些。食谱和修一在世时基本上一样，早上备好，中午撤去就成了我的饭。"

　　因为是修一先生的供饭，所以英子女士吃的时候也非常珍惜。

　　"供饭就是我的一个念想，我猜着今天早上修一也该饿了吧。"

中午的供饭

早上的供饭会在中午时撤去,然后成为英子女士的午饭。供奉的都是修一先生生前爱吃的食物。

修一生前每个月都要吃一次多治见的鳗鱼。

"他就喜欢吃这个嘛。所以,每个月忌日那天我都会给他供上多治见的鳗鱼。撤下来之后当然就归我啦。每次吃的时候,我总是忍不住感叹:真好吃哪(笑)。之前都是修一吃,我没怎么吃过。"

因为修一先生的缘故,英子女士也有了口福。无论是饭还是茶点基本都没在外面吃过,一年之内却能多次品尝一流的食物。

"当时尚未意识到这点,现在才发觉那真是美好的体验啊。然而,此情只可留待追忆了。"

巧克力蛋糕和
凤梨蛋糕

不能总是制作一种食物，要时不时挑战下新做法。

"平时总是做同一种甜点，该给自己充充电，学些新做法啦。"终于，挑战新事物的念头开始在英子女士的心中萌芽了。

时间的齿轮重启了

"还要给修一做供饭呢，这个念头支撑着我挺过了最难熬的时期。尽管如此，饭量还是明显减少了。有一天我突然想起了修一说的话：英子啊，可不能过分依赖别人，凡事都要自己做。踏踏实实一步一步做，在这个过程中终究能学到本事。于是，我意识到不能再这样下去了。好，那就行动起来吧！"

由于长时间疏于管理，田地里早已成了野草的天下，再次打理起来还是比较费事的。幸亏女婿的外甥得空来帮忙除除草，英子女士的女儿也帮忙制作了新的提示牌。借助他人的力量，一切逐渐恢复了原貌。于是，英子女士也积极乐观起来，干劲也逐渐涌现。

"晚上是悠闲的电视时间，有一次，偶然看到了一档介绍在意大利制作藏红花的节目。真的太漂亮了，看得我心里直痒

\田里也有认真打理/

在介绍意大利的节目上看到的呢。

\挑战制作藏红花/

"不好好吃饭可不行"的心情与打理菜园的干劲紧密相连。于是，英子女士开始挑战藏红花、榨菜等新植物。

痒，忍不住想尝试一下。我可从来没用藏红花做过料理呢，居然会有这种想法，是不是很奇怪（笑）。我被田地救活了呢！"

修一先生生前，《英子的无价之宝》这本书正在紧锣密鼓地筹划当中。彼时，这本书的采访、记录等方面的制作已经到了尾声，每天访客不断。这种紧张有序的工作，成了英子女士的精神支撑。不过，英子女士最重要的快乐来源依然是给他人做出美食，听到别人对美味的赞美。

在丰饶的土地上栽种作物，然后用制作的美味款待客人，这就是英子女士的信仰。这种信仰不曾因为岁月流逝而发生丝毫改变。现在，修一先生给英子女士的嘱托重新唤醒了她的信仰。

焕然一新的门牌。姓氏旁边是幅小画,画中的两人琴瑟相和。

完成修一先生未竟的工作

英子女士的女儿孝顺而体贴,考虑到母亲现在孤身一人,会在工作间隙跑到高藏寺看望母亲。英子女士说:"家务是我分内的事,我原本不希望她插手。不过,她说'父亲会做的家务,我也能做得很好'。于是,我也就坦然接受了。比如:帮着修剪树枝、修理坏掉的水盘。"此前,田里使用的黄色标记牌都是由修一制作。这次,女儿还帮着制作了新的黄色标记牌。

"她说有很多事情都想做呢,真的很难得呀。爸爸的工作间也交给她了。"

另一方面,英子女士需要做些原本是修一先生的工作。比如:每个季节,总会收到亲朋好友寄送过来的时令果蔬或其他物品。自从修一先生去世后,写回礼信件这件事就由英子女士来做了。

黄色提示牌

要做的事情多着呢。

修一先生制作的黄色提示牌依然完好地立在那里。今后种植的新作物，就该使用女儿手写的提示牌了。

"有时候会有我不认识的人，所以需要翻看下修一的名单，给我认识的人回信。修一是个勤快的人，回信非常及时。我在这方面相对懒一些，一不留神就攒了一堆。所以，我也得勤快起来呢。"

剩下的就是在有生之年要保持现在的状态。

"有时，我也会说：不能让你爸爸在那边等我太久啊。女儿听了就反驳我：您放心吧，我老爸一个人在那边好着哩，您不用担心他！"

守好这个家，将来传给下一代人，继续勤勤恳恳耕作，将这块富饶肥沃的田地和菜园代代流传下去。

"也算是完成修一未竟的工作。"英子女士不急不徐地说。

故乡发生了天翻地覆的变化，往昔的面貌早已踪影全无，只有我脑海中还保留着原来的模样。

高藏寺新城

作为名古屋的标志性城市，高藏寺于 1960 年开始开发。修一先生在设计平面图中保留了杂木林，将其作为风之通道，旨在打造出与大自然和谐共生的面貌。然而，他的这个设计思想并未被采纳。

昭和 36 年，36 岁左右

夫妇二人第一次来高藏寺是在昭和 36 年。彼时，修一先生差不多 36 岁。高藏寺犹如一块白布，在春暖花开的木曾路入口处，修一先生畅想着新城的规划。那个时候，修一先生尚住在高藏寺的一处小区里，每天往返于高藏寺工作。

"我从小在海边长大，一直憧憬有山的地方，所以我非常喜欢这里。刚来时，那个空气真叫一个新鲜。修一花了数月时间，来往于山里进行考察。最终绘制出了既不会破坏高藏寺地形，又有利于当地居民在这个富饶的山中生活的平面图。那个平面图我也看了，我觉得那一定是有利于孩子们成长的家乡。"

修一先生考虑更多的是如何因地制宜，建造出人与自然共生的新城。然而，彼时大环境正处于经济高速增长时期，人们更看重的是作业效率、便利性及预算等方面。因此，最终没有

> 要是能与自然和谐共生该多好啊!

津端家刚搬过来时,山上因为发生过火灾,所到之处满目疮痍,毫无绿意。于是,当地市民展开了轰轰烈烈的树木种植运动,美其名曰"栗子大作战"。大约500市民加入到这场运动中来,修一是这场活动的核心人物。曾经的荒山已经变成了散发着勃勃生机的绿山。

采用修一设计的平面图。最终,高山被夷为了平地,取而代之的是一座座高楼和一个个小区。

"那个时候,修一总说'这里已经没有我的生存之地了'。他心里肯定特别难受吧。"

也因为这件事,修一先生远离了公团工作,并于1975年退休。虽然这件事让他备受打击,然而一踏上木曾路这片土地,修一先生就立即全身心地投入实地调查的工作中。随着时间的推移,他对于高藏寺的爱也与日俱增,早已离不开这里了。最后,修一先生干脆在高藏寺买下来一块300坪①的土地,以便于和父母生活在一起。买来后,仿照他敬仰的建筑大师安托尼·雷蒙德家的住宅建造了一所房子。里面没有设置玄关,而是做成了一个大通间。之后,还在这块土地上栽种了杂木林,力争成为大山的一部分,开始了与大自然和谐共生的实验。

① 日语中的 1 坪 =3.3m^2

其后的20年间，又先后建造了织布间、儿童间、农具小屋，以及用来存放稿件等物品的书房。"攒了点钱之后，就先建造一个。等再攒够一些，就再建一个。就这样一个一个建造了出来。正值学校工作繁忙的时候，所以只能等假期的时候，一点一点做。"

在这之后，原本还是小苗的杂木林开始猛蹿，终于实现了津端所期待的与自然共生的生活。

"近来，我常想起刚搬来时这里的风景。每个城市都有每个城市的好，然而大家却在不停地破坏着这个好。我是觉得：人如果可以与自然和谐共生该有多好啊。这样不知道珍惜，不知道是不是因为没把这里当作家乡来爱的缘故呢。"

于昭和36年桃花盛开之际,来到了位于木曾路入口的高藏寺。

今年是第二次挑战制作柿子。"去年有些晒过了，吃的时候都能听到咯吱咯吱的声音！今年无论如何都要做成功！"

秋冬

入秋后,白天一天比一天短了。一到冬季,地里的蔬菜和果实简直少得可怜。所以,趁着这个时候,要精心储备些食物。在地面铺上厚厚的枯叶,为来年春天植物的发芽做好准备。

头部尖尖的尖柿。80岁时才栽种的柿子树苗,现在已经长得枝繁叶茂了。柿饼采用的是西条柿,趁着没有熟过时采摘。

10月,制作柿饼

\ 收获 /

\ 去皮 /

/ 晾晒 \

/ 用绳子绑起来 \

在雨水淋不到的走廊下晒两周左右。等到用手摸着多少还有些软时，将柿子取下来并放到冰箱里保存起来。

\ 煮沸 /

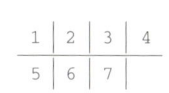

1	2	3	4
5	6	7	

1. 发硬且带有青色的西条柿。 2. "去皮工作我都是不紧不慢地做，防止累着。保留柿子头儿上的蒂，以方便绑绳儿。" 3. 在沸水中停留5秒可以防止发霉。 4. 用冷水冲洗后冰镇起来。 5. 绳子两端分别系上柿子。两个柿子为1组。 6. 注意晾晒的时候，柿子之间要留有间隙，不能相互碰到。 7. 剩下的就是耐心等待喽。

秋天的菜园

秋天是为来年的收获打基础的时节。撒上大豆种和麦种,种上藏红花和百合的球根后,静静地守护它们成长。此时谈收获还为时尚早,那是来年的事。然而,"积存时间"的工作却要在此时一丝不苟地做好。"在种下球根后最初的一段时间里,每天都需要对其进行精心照料。出芽后到稍微长大些的这段时间是比较费工夫的。"

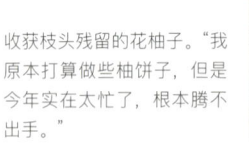

收获枝头残留的花柚子。"我原本打算做些柚饼子,但是今年实在太忙了,根本腾不出手。"

| 挑战藏红花 |

今年我要挑战下藏红花。"先用这50个球根练练手，好期待呢，不知道会长成什么样。"

决明子茶的果实

等青青的豆荚转为红褐色就可以收获了。把收上来的决明子放到一处，然后进行充分干燥。

走廊下的苗床内，一年四季轮流种植着叶菜，如：小松菜、芝麻菜等，多余的苗还可以食用。

1月，银装素裹的清晨

杂木林和田地被白雪覆盖，与公园里的树木完美地融为了一体。给人一种错觉，仿佛置身于冬之森林之中。

梅花在雪的掩映中含苞待放，急切地盼望着春天的到来。南天竹的枝头还残留着果实，在雪的映衬下更加红艳夺目，这是给小鸟最美好的礼物。

田地里黄色的标识牌在雪的映衬下更加鲜亮。修一先生亲笔写下的字，仿佛在雪中讲述着岁月的故事。

"做农活时用的那间小屋够结实吧？"英子女士有些不放心，边说边缓缓地从台阶上走下来。

早上起来一看，外面一片银装素裹的世界。挂在枝头的甘夏橘和黄色标识牌更加醒目。皑皑白雪覆盖了田地，完全无法辨认田地里的区域划分，让人不免担心地里的植物。它们还在静静等待着春天的到来，不知道能否扛得过去。不过，那厚厚的落叶应该能很好地保护它们吧。

这些作物还在苦苦等待春天的到来，英子女士为它们盖上了厚厚的枯叶被。不放过任何一个冬日晴天，得空就到田里转一转。

\ 今天的收获 /

冬天的菜园

\酸橙/

"提到酸橙,多数人的第一反应是绿皮。其实,如果任其在树上长的话,是可以变成橙黄色的。做成果汁的话,更是好喝到难以想象。"乍看之下和柠檬很像,却散发着酸橙独有的清爽香味。"我们来喝杯酸橙茶吧。"

乍一看,菜园里一派冬日肃杀的萧条景象,其实孕育着土豆、蔓菁、萝卜、白菜等美味可口的蔬菜,从而弥补了冬天蔬菜的匮乏。在天气晴好的日子里,做些干蔬菜储备起来,以度过食物匮乏的漫长冬季。

"冷冻起来的干蔬菜用的时候必须省着点儿。"

2月，春天的气息

在雪中紧缩成一团的梅花受到暖风的诱惑，一口气全开了。不过距离春天的到来还要忍耐一些时日。

阳光一天天暖和起来，最先嗅到春天气息的当属院子里的花。

"山白竹长势过旺，干脆拔除了一些。然后，在上面种上了水仙球根，小小的花看起来很美吧。"

受到这些美丽的花的鼓舞，英子女士获得了力量，从而开始了今年田地里的工作。

水仙

风信子

圣诞玫瑰

"栽种时，特意选在了这里。这样，从房间里也可以看见，修一应该也能看到吧。剩下的也将陆续发芽。"

越冬的白菜，去掉外层的叶子后非常美味。

英子女士的餐具

左／砥部烧茶壶。"这边（右）是刚结婚那时买的。这边（左）是新近买的。都是相同款式，放在一起就完美了（笑）。一个人的喜好是不会轻易改变的。"

右／在名古屋举办的活动上购买的九谷烧。"可以用一见钟情来形容，我第一眼就觉得用来盛放樱叶饼再合适不过了。"

"我一直都非常喜欢这些精美的器皿，但是呢，修一对这些不怎么感兴趣。所以即使一起出去逛，也没法看个尽兴（笑）。"

结婚时作为嫁妆带过来一些用具，剩下的几乎都是在名古屋的百货商店或者通过邮寄的方式购买的。砥部烧、古伊万里、赫伦（Herend）等等。"我喜欢的东西基本上都是这样的：既好用，又带着点可爱。"

从半田嫁过来时带来的涂漆器皿，用来盛放日式点心。

和女儿一起旅行时购买的古伊万里，大气奢华，非常适合接待客人。

去伊万里访问时，顺便到美术品展览室购买了这些器皿。"我非常喜欢白瓷和青瓷，简直是百搭。"

治部煮和煮菜从几天前就开始放在砂锅里煮了，在咕嘟咕嘟的响声中，用海带、木鱼等煮出的汤汁已经完全入味。

"必须使用刚出锅的热气腾腾的米饭，不然捏不成形"，英子女士说话的这会儿工夫，就捏出了一个个形色味俱佳的饭团。再配上鸡肉和烤箱烘焙的土豆，一顿美味佳肴就做好了。

大盘子中的菜肴每种都来点儿，这样营养比较均衡。"开吃啦！"

有客人来时，英子女士习惯将做好的菜盛放在大盘子里。吃饭时，每个人按照自己的喜好将菜夹到自己的盘子里。治部煮、烤箱烘焙的鸡肉等主菜，和从菜园里采摘的叶菜或者烤箱烘焙的白鱼等搭配在一起非常美味。

"人要多吃青菜呢。现在的年轻人吃小鱼的机会太少了。不过，如果将这些食物搭配在一起的话，应该能吃不少。"

这样的食物不仅好吃，而且非常有利于身体健康。为了家人健康费了这么多心思，真的让人非常感动。

秋冬宴客

回归到正常生活

一直想做些柚饼子,怎奈收获得太少了,只得作罢。熟过了也不行,明年再接再厉!

电影《人生果实》的油画板。架子上摆放着修一先生的照片及他生前最爱的帆船。

电影上映

英子女士说：大概从我70岁时开始，总是有很多人来这里摄影取材。《人生果实》电影组在两年的时间里持续拍摄修一先生和英子女士的日常，捕捉生活片段，整理剪辑后于2017年上映。

电影上映后，家里瞬间热闹了起来。不仅来访的客人增多了，还有脱口秀和采访等节目需要应对。其中，比较让人头疼的是访客的急剧增加。

"要是修一还在世的话，情况会有很大不同。一个人要应对这么多事情，我常常觉得自顾不暇。因此，很想尽早回归到往日平静的生活中来。"

午休中！
勿扰！
谢谢！

地里活儿和午休应付了事

"修一刚走后的那段时间里，我整个人都蔫儿了。不仅失去了打理田地的力气，而且体重也下降了不少。自从电影上映后，来访的客人多了。下午2点之后开始的午休原本是雷打不动的，也被迫取消了。几乎每天都有客人，上周也是如此。别说地里的活儿了，就连午休时间也没有了。"

在电影上映前后，即2016年末至2017年2月这几个月里，不仅有大量客人前来采访，而且恰逢其外孙女结婚，所以与人接触的机会也前所未有地多起来。接待的任务非常繁重，英子女士每天都忙得不可开交。英子女士一直认为是客人的到访给了她重生的力量，但是这种忙到昏天黑地的日子失去了往日的生活节奏，真有些得不偿失。

"来人多了之后，我一忙起来就忘喝水，因为这还患上了膀胱炎。因此，需要多喝水，一天至少得喝两升水，喝少了根本不行。经过反省后，我开始有意识地多喝决明子茶。"

客人多了之后对他们的饮食也产生了影响。修一先生除了小鱼和鲣鱼的生鱼片，以及最喜欢的鳗鱼之外，几乎不吃其他的鱼。来客人后，他们会做些此前不曾吃过的食物，比如：青花鱼、鲫、鲷鱼头等，英子女士也会跟着吃一些。

而在这之前，他们家的生活基本上和鱼是绝缘的。英子女士自幼体弱，几乎没有吃过生鱼片等用生鱼做成的料理。

因此，这种变化不可谓不大。此外，制作点心非常耗费时间。现在为了赶时间，通常都是在市场上购买。

"之前，发现小松菜没有了，我就坐公交车跑到有机蔬菜店去购买。都是吃的东西，当然要选可口的啦。不过最近实在是太忙了，菜品不够的话直接就近采购。由于地里顾不上打理，所以蔬菜也赶不上吃了，都是在超市购买的。鱼是外国产的秋刀鱼，结果就得了荨麻疹。去医院看了也没有治好。这时候我才恍然大悟：呀，再这样下去不行啦。还是自家产的食物养人啊！"

尽管英子女士自己常说"食也，命也"，然而，自从修一先生离世后，她本人对于食物方面的管理意识却淡薄了很多。这次也算因祸得福，身体的变化和不适终于使她意识到了这点。在过去的40多年里，身体已

菲油果泡酒

今年的藠头只做了 1 瓶，去年的还剩了些，每次少吃点也差不多了。计划今年栽种些冲绳的藠头。

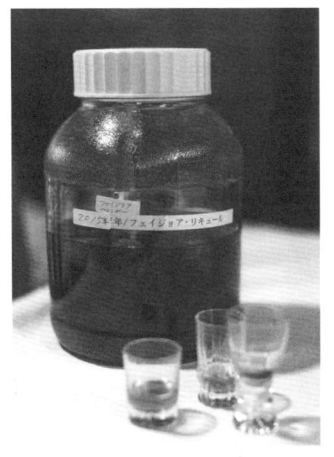

菲油果的果实浸在烧酒中，"很像梅酒的感觉"。

甜醋藠头

经习惯了自家的食物。幸运的是，英子女士听到了身体发出的悲鸣，她意识到必须恢复原来的食谱。彼时，采访和客人来访的高峰已过，正是调整的好时机。阳春三月，英子女士重新回到田地中来。

"我们家的土地果然与众不同呢！一口气也做不了太多，一点一点慢慢来。"

"今年我给自己定了个目标：力争回到原来生活的轨道上，认真打理田地和纺织。"

"接下来准备谢绝一切采访，尽快恢复原来的生活，我到现在还没开始织围巾和袜子呢。再说啦，闺女和外孙女都非常忙，我得给她们搭把手哪。"

上／修一先生用木材制作的瓶盖儿和容器盖儿。
右／给英子女士写的提示牌。

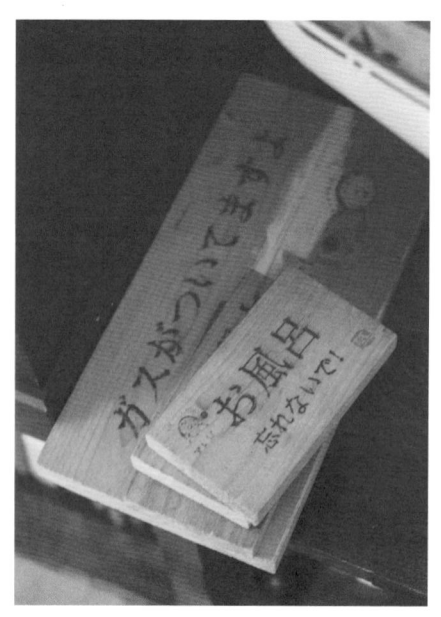

修一先生的精神

据说，英子女士在生活中遇到不称心的事时，总会和修一先生商量："孩儿他爸，这个该怎么办呢？"修一先生总是回答说："嗯，咱们一起来想想办法吧。"

英子女士刚抱怨句"真心不喜欢塑料瓶盖啊"，修一先生就做了大小合适的木瓶盖。此外，他还为英子女士制作了提示牌，提醒她不要忘记做了一半的活儿。

"家里有很多修一动手做的物件，看到它们，我就又获得了力量。多亏修一操心规整，如今家务活儿做起来得心应手。现在，每次看到地里被我弄得乱七八槽时，我都会心生愧疚，默默对修一道歉：真是不好意思呀，以后我一定认真做（笑）。"

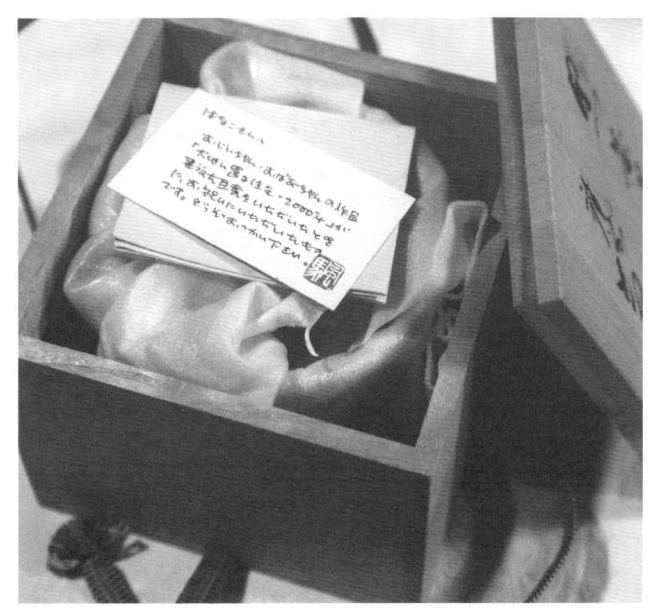

两个人准备的抹茶茶碗，准备以后送给花子。修一先生还写了卡片，只等送的合适时机了。

一点一点准备吧！

英子女士50岁左右的时候，有一天修一先生问她："今后有什么想做的事情吗？"英子女士说："要不我学纺织吧。"听完，修一先生只轻描淡写地回了句："好啊。"没想到过了一段时间，家里居然收到了一台织布机。原来在英子女士毫不知情的情况下，修一先生已经向相关人士咨询了织布机的详情，比如什么样的织布机合适。然后，自己动手设计了尺寸和形状等，为英子量身打造了一台织布机。

"真是不可思议啊！再次回味往事的时候，我才惊奇地发现原来这是他给我买的，那也是他给我买的。等他走了之后我再次体会到他给我的诸多照料。"

筷子要物尽其用

用旧的筷子作菜筷。"为了防止与平时使用的筷子混在一起,用刀削去了角作为记号"。好的物品要一用到底,节俭的生活作风在此体现得淋漓尽致。

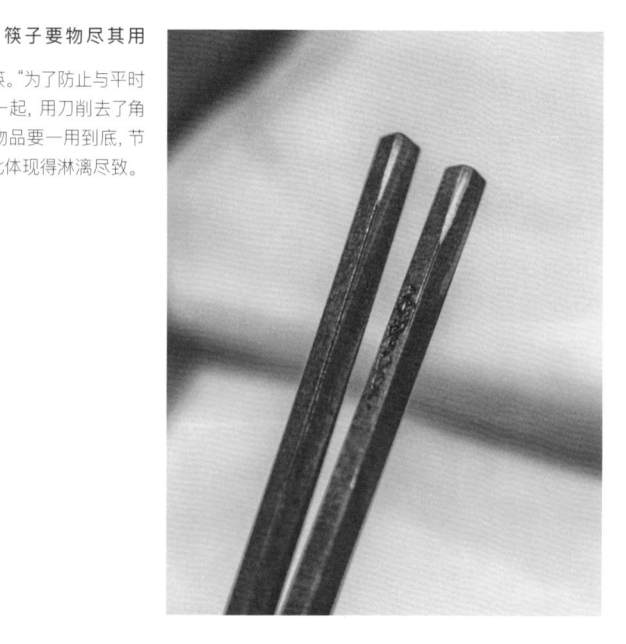

> 筷子角是先修削的。生帮着削的。

节俭的生活

物品没有丝毫浪费,一用到底即"节俭"。将物品的使用功能发挥到极致,这就是一种智慧。在英子女士的生活中,随处可见这种智慧。无论料理、工具,还是自己掌握的本领,在英子女士的手中都大放异彩。

"去年,有人送了我很多板状酒糟。我往里面加了些砂糖和少量盐,装了满满一瓮,做成了酒糟腌床。经过春夏秋的发酵,腌床就变得黏糊糊的,用来腌蔬菜、鱼、肉最合适不过了,腌制后的菜风味绝佳。好不容易做好的腌床,当然要物尽其用啦。所以,我一般先腌可以生吃的黄瓜和生姜,之后再腌鱼或肉。腌制的顺序非常重要。等什么时候一尝,觉得酸得有点过头了,那就说明该扔了。"

按照顺序腌制就不会浪费。

酒糟也要物尽其用

利用腌床进行腌制时，按照蔬菜、鱼或肉的顺序进行腌制可以确保物尽其用。所以一般先腌制黄瓜和生姜，等稍微带些酸头儿了，再用来腌制青箭鱼、鳕鱼、红肉等。

英子女士告诉我们：板状酒糟有薄厚之分，薄的涂上砂糖蘸着酱油就可以吃了；厚的则可装进瓮里做成酒糟腌床。

"我娘家是酿酒的，所以我对味道的把握还是很准的。"

"刚炸过一次的油不要倒掉，可以等下次再炸食品时和新油掺着一起用。老油和新油按照1∶2的比例混合基本上刚好。"

再比如说，将裹肉时使用的海带做成高汤，又或者将高汤中使用的干贝用于米饭料理。总之一句话，要想法做到物尽其用。但是，这和为了节省而节省是两个完全不同的概念。物尽其用是有意识地将好物品的使用价值发挥到极限，并为此思考如何做。

用过的油的保存方法

1

多余的障子在此时有了用武之地,可以将它垫在油炸物品的下方。"最下方铺上餐巾纸,然后铺上两张障子,这个用来吸收油炸物品上的油可是非常方便哪。"

  修一先生的衣服穿旧了就归英子女士啦。每逢过年,英子女士都会给修一先生置备冬季的衣物,到了6月份又该买夏季衣物了。很多换下来的衣服还能穿,所以就归英子女士了。

  "修一的衬衫都是高级驼绒料,所以质量非常好。洗过之后会慢慢缩水,他穿着小了我就捡漏啦,而且越穿越舒服。唯一不太好的一点就是,就算缩水了我穿着也还是有些大,穿在身上看起来松松垮垮的。不过,习惯了也就好啦。所以,我到现在还是喜欢穿大些的衣服。"

2
炸食品时使用菜籽油，炸出来的东西酥脆焦黄，用过后的油装在瓶子里保存。

3
下次再炸东西时，将老油和新油按照1∶2的比例混合后使用。按照这样的顺序使用，既没有浪费，油也不会老。

不妨试试吧！

> 事先做好，吃起来就会很方便。

本书里，很多地方都能看到英子女士做的饭团。爱心便当是为女儿做的，方便她回东京上班时携带，里面还加了少许菜。

英子女士的一天

除了换季时做下简单调整，英子女士的作息非常规律，基本每天都是6点起床。"有时也会打开防雨窗，关掉门灯，再睡个回笼觉，一觉睡到7点左右（笑）。"

接下来吃早饭，收拾厨房，晾晒衣物，在地里工作1个小时。10点是用茶时间，接着准备午饭。

"之前地里工作时间为2个小时，现在改成了1个小时，一天少做点免得累到。"

下午2点开始午休，一般会睡上1～2个小时。躺在床上舒展下筋骨，让身体彻底放松下来。

"因为除了喝茶和午休之外，站着工作的时间居多。"

4点以后就锁门，捡拾掉落的栗子，或者做番茄泥等基础工作，为收获提前做好准备。

> 我洗澡属于蜻蜓点水式的，在浴缸里面5分钟都待不了。大家一般都能洗很长时间吧，在里面干啥呢？

英子女士的一天

6点.........	起床
8点半.........	早饭
9点.........	田里
10点.........	茶点
12点.........	午饭
14—16点......	午休
18—19点......	晚饭
20点.........	编织
21点.........	洗澡
22—23点......	就寝

熨衣服也多半在这个时间段进行。18—19点之间吃饭，收拾完厨房之后花1个小时编织衣物，生活节奏大致是这样的。然后，有1个小时安静织袜子的时间，差不多到22—23点时休息。

"现在我到点就能起来，挨着枕头就能睡着，也没有任何烦心事。修一在世时，半夜需要给他加餐或者导尿，所以我起夜较勤，现在是一觉睡到大天亮。"

"我做事比较慢，但是修一给我说过：凡事自己动手做。我一直牢记他说的话，凡事不紧不慢，孜孜不倦。"英子女士洒脱地说道。

英子女士织的袜子柔软、蓬松、舒适，温柔地把脚包在里面。"这种织法是跟着女佣学的（笑），我就会这一种织法。"

该织袜子啦

"我最近开始织袜子啦。通常我用的毛线都是山梨县的侄女给我寄的，今年的毛线还没有收到，我有点等不及了，所以就用围巾毛线织了起来。是不是有点儿浪费呀（笑）。"

18点吃完饭的话，19点就把厨房收拾干净漂亮了，睡前的1~2个小时是织衣物时间。修一先生刚离世后的那一段时间里，即使有时间，英子女士也没心力去编织衣物。

"时间是治愈伤口的良药，最近我终于有了要动手的想法。今年必须多织点，送给更多的人。"

英子女士对于手工的喜爱和潜藏在心底的那份从容终于苏醒了。

终于涌现出织袜子的想法。此前即使有时间，也想不起来要织袜子。

在烤制好的面包胚上涂上奶油，再点缀些草莓，一个美味诱人的草莓派就做成了。"自己种的草莓离成熟还早得很哪，这些是买来的。"草莓派的中央点缀着蜡烛，上面的数字89代表着英子女士的年龄。

英子女士的点心和菜肴

"欢迎光临！累了吧，来来来，赶紧坐下喝杯茶吧。"英子女士热情地招呼着客人，那亲切的笑容让人觉得仿佛置身于自己家中，就连空气都受到了感染一般，洋溢着温馨的味道。

栗子蛋挞

"我突然想到,说不定栗子和奶糖很搭呢。心动不如行动啊,这不今天就尝试了下。一早做好的,也不知道味道怎么样呢。"

英子女士一脸轻松地说道。功夫在日常,正是因为英子女士平时就把蛋挞坯和煮熟的栗子备好了,所以做事才能这么轻松。平时的积累,让她在招待客人时做到了丝毫不慌乱。奶糖味的栗子蛋挞制作方法如下:将砂糖150g、水50mL放入锅中加热。沸腾后待糖水上色,加入鲜奶油,等稍微变软时关火。接着,加入适量煮熟的栗子(原味),与奶糖一起搅拌。混合后往蛋挞台上抹厚厚一层。最后,放在预热到180℃的烤箱中烤3～5分钟。

蒸面包

"我参考日式点心食谱,试着做了豆沙馅蒸面包。做的时候,我突发奇想:要是放入一点柚子的话,应该别有一番风味吧。原本应该更蓬松些的,不知道为什么是这个样子。"

蛋挞配栗子是秋天的味道呢。"把锅里残余奶糖再熬煮一下,拌入生花生也很美味哦。"

豆沙馅儿和年糕小豆汤

豆沙馅儿的制作方法如下：在砂锅中放入500g红豆、水，等沸腾后把水倒掉。之后，加水再次煮沸，沸腾后依然把水倒掉。接着，再次加水一直煮到红豆变沙。随后，将红豆沙放回锅中，根据自己的口味加入适量的砂糖。然后，开火熬制，其间不停搅拌直至达到自己喜欢的硬度。

年糕小豆汤的制作过程如下：在锅里加入豆沙和水，开火加热、溶化，然后再放入烤年糕，这样就制作完成了。

年糕和豆沙馅儿的冷冻年糕小豆汤套餐。豆沙馅儿也是制作利休馒头时不可或缺的食材。

甜度如何？

樱桃蛋糕卷

樱桃的酸味和蜂蜜的甜味相得益彰。

"昨天就烤出来的,用布包好放起来,过一天可以切得很整齐。"

*3个鸡蛋搭配80g砂糖,搅拌至发泡。

加入熔化后的黄油50g、粉类(将低筋面粉75g和玉米淀粉1小匙混合后精筛出来)及少量朗姆酒后搅拌。

在面板上铺张纸,涂上黄油(不含在上述50g内),在100℃条件下(英子的烤箱)烤制。在180℃温度下烘烤15分钟左右。从桌面上取出面坯,涂上樱桃果酱后卷成卷儿。

"樱桃果酱不多不少,刚好需要一瓶。由于蜂蜜蛋糕本身有一定的厚度,卷起时气泡破裂导致蛋糕有些硬,要再蓬松一些才好呢。"

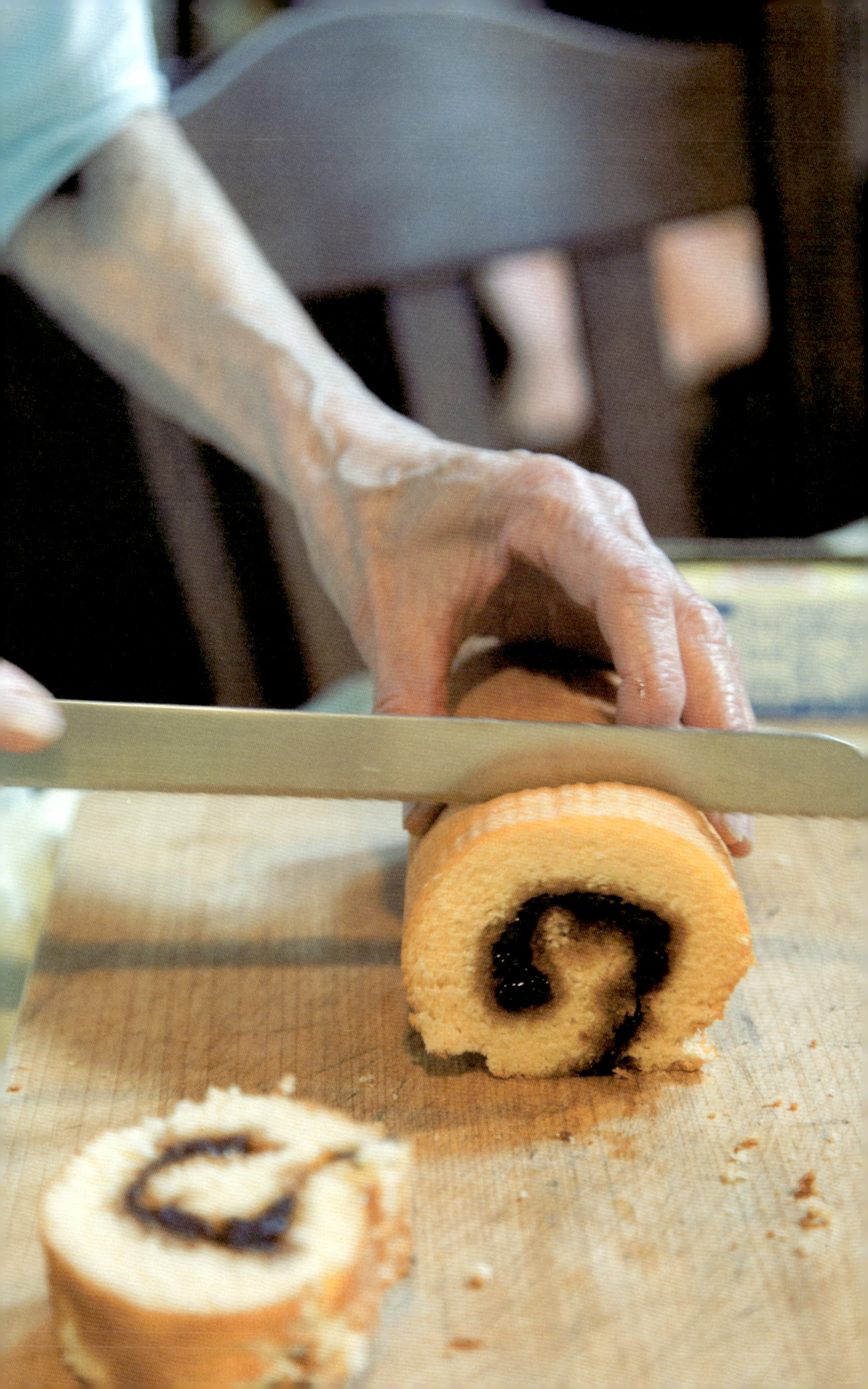

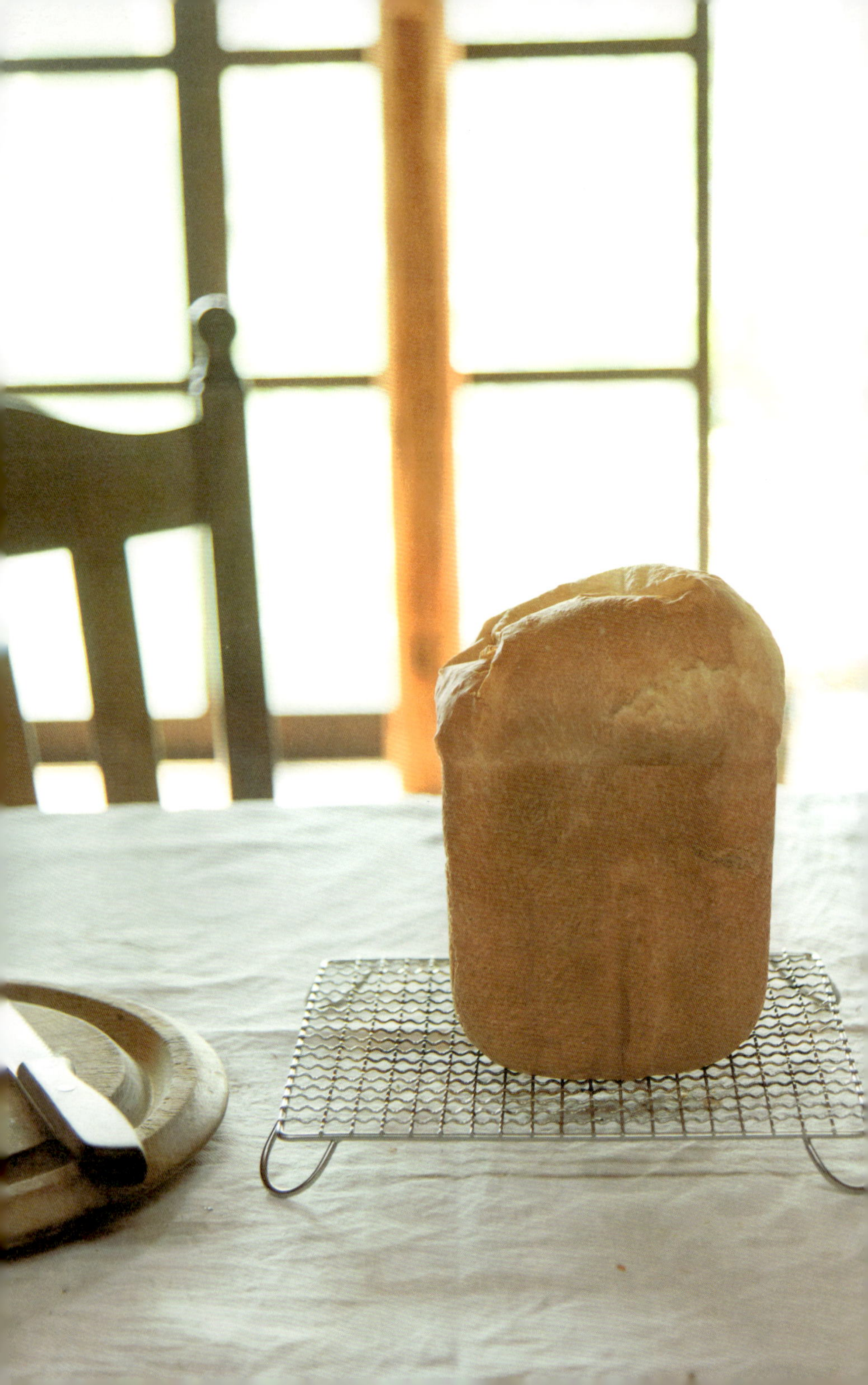

今年，津端家里也入手了一台家用烤面包机。因为英子女士习惯用面包作为早餐，所以女儿特意买了这台烤面包机。"我还想着按照附带的食谱烤制呢，没想到没有脱脂牛奶了，所以就用奶油乳酪替代。东西就是这样，你用的时候就发现不是缺这个就是少那个（笑）。"但是，这些小问题从来难不倒英子女士，反而激发了她的创造力。每逢此时，她总是积极尝试可代替的其他食材。咬一口今天刚烤制好的面包，淡淡的奶酪香味就开始在口中蔓延，做得非常成功。

用面包机烤制面包

\ 烤制好啦 \

"我先把面包头儿这部分切掉。什么？不是这样切的。这样切的话，剩下的部分就很容易切片啦。"

| 御烧 |

作为不含糖的点心，英子女士做了很多御烧放入冰箱保存，以备不时之需。

"诀窍就是要加入三种酱汁。食用时，用锡箔包裹好，放入烤面包机热一下，会更好吃哦。"

*将猪肉末翻炒后，放入切碎的小松菜（英子女士说用茄子代替也别具一番风味），小松菜需要先用热水快速焯一下。之后，加入红曲酱、红酱、白酱进行调味。然后，搅拌制馅。接下来，在强力粉中加入水后搅拌做皮（揉制成耳垂那样的硬度即可）。将面皮切成小块压薄，把馅儿裹里面。包好后开始蒸，蒸到面皮透亮即可，放凉后冷冻保存。

"修一不太喜欢吃鱼，所以我也很少做煮鱼什么的。即使要吃，也是选择炸鱼，使用的是应季的鲣鱼。炖五条鰤也是最近才刚开始。"英子女士对食物总是保有强烈的好奇心。接下来会接着挑战顾客喜欢的其他新品。

*魔芋丝要轻轻煮一下，鲣鱼要过一遍热水。在砂锅里放入冷冻牛蒡、魔芋结、五条鰤，然后注入海带和鲣鱼熬制成的汤汁，直到没过食材。之后，再加入酒、甜料酒、科鱼高汤、少许黑糖。咕嘟咕嘟地熬煮两个小时左右，之后关火冷却。最后，加入高汤煮沸即可食用。

炖五条鰤

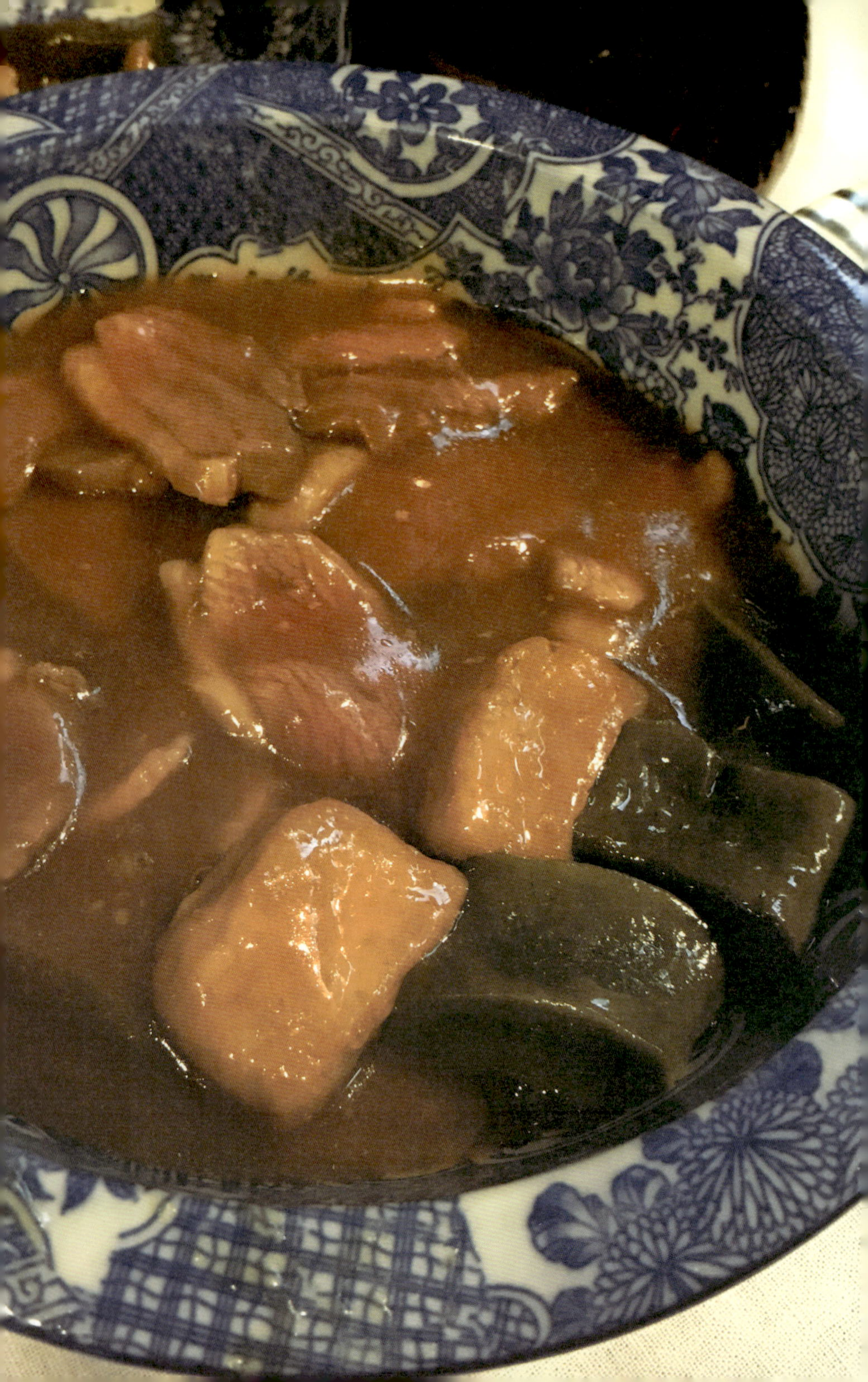

治部煮

在冬季，治部煮是一家人新年不可或缺的美食。每年到了合鸭上市的季节，英子女士都制作治部煮。

1. 在锅中放入约400毫升的高汤，按照1∶1∶1的比例加入酒、料酒、科鱼高汤后煮沸。确认过甜咸后，加入适量的甜菜糖和盐调味。

2. 放入面筋，一直煮到把汤汁完全吸收。然后，从锅里取出。"平时用的都是金泽的帘状面筋，不过这会儿已经没有啦，今天就试试京都的生面筋吧。"

3. 把合鸭肉切成5毫米厚，撒上马铃薯淀粉。

4. 在1、2的锅中重新加入高汤（高汤、酒、料酒、科鱼高汤、少许甜菜糖和盐）后加热。

5. 煮沸后，放入3中的合鸭肉，一边浇淋汤汁一边轻煮。轻煮合鸭肉后把面筋放回锅内，轻轻地搅拌混合。

这样的美味也只有在合鸭上市时才能品到哦。

西红柿炖鸡肉

"百合根是自家种的，非常适合熬制浓汤。有了百合根，就连淀粉都省了呢。虽然熬煮后已经看不出原来的样子了，但是营养已经融入汤中，还获取了蔬菜方面的营养（笑）。"

*将鸡肉（带骨6~7条）放入烤箱，待两面都上色后移入砂锅；将蘑菇一切为二，放入砂锅中；接着，加入百合根、红葡萄酒（约400毫升），与红葡萄酒等量的自制西红柿酱，以及酒和料酒（各1大勺）后煮熟。等到鸡肉变软后，放入盐和胡椒调味。

花椰菜、西兰花、葱、匈牙利红辣椒粉、夏南瓜、青豌豆……蔬菜用开水焯一下后,冷冻起来。使用时,直接放入锅中用黄油翻炒。之后,再加入鲣鱼高汤、自制西红柿酱,用中火熬煮。最后,加入少许盐调味。一锅热腾腾、香喷喷的蔬菜汤就煮好了。

"和早餐面包很配哦。不仅好吃,而且富含营养。当然,蔬菜的搭配非常灵活。可以根据不同季节,做出调整。把玉米、胡萝卜、洋葱、土豆等各种蔬菜,都保存在冰箱里。想吃什么,随时都能做。"

早餐蔬菜汤

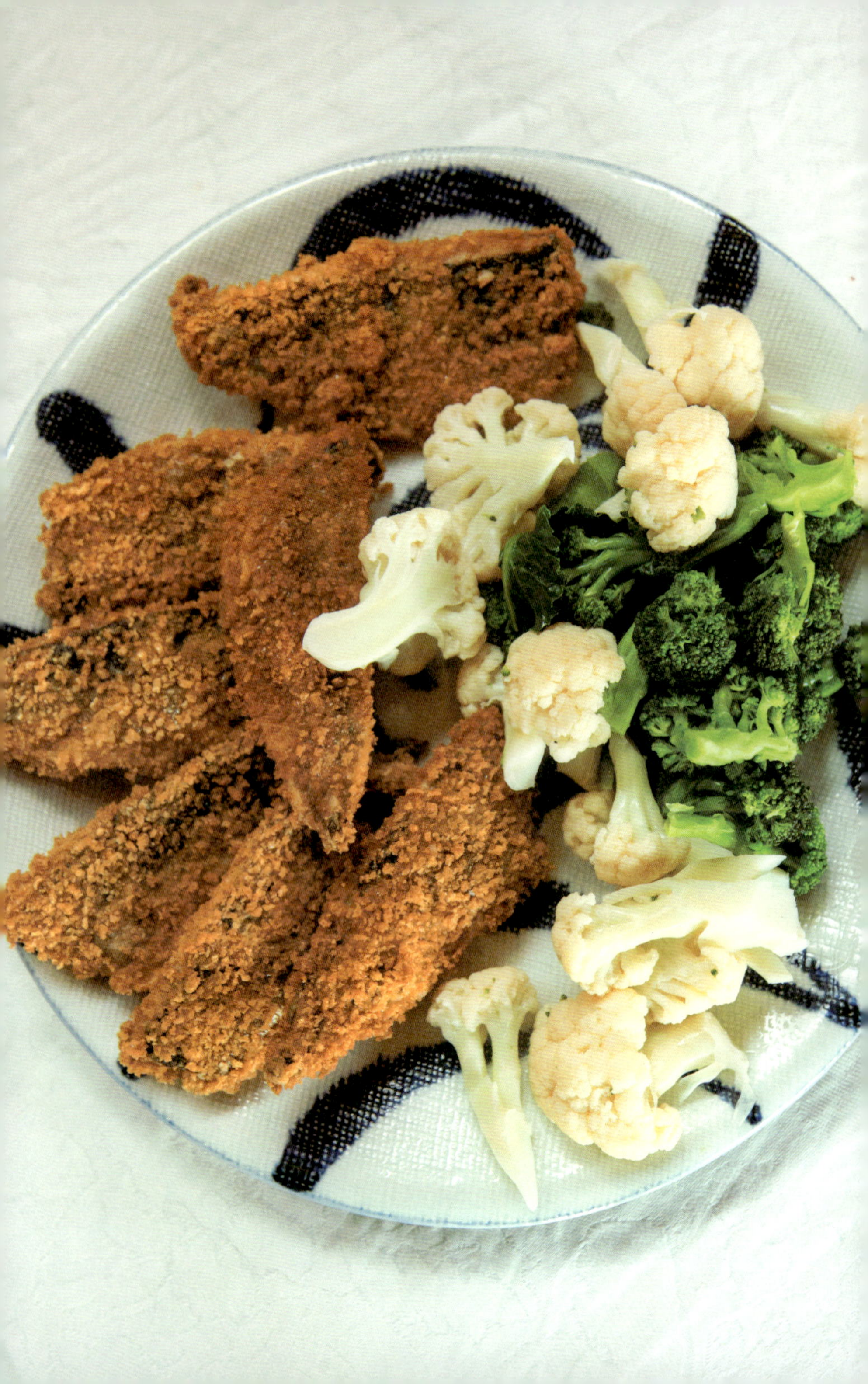

油炸竹荚鱼

"虽然修一不怎么喜欢吃鱼,却很爱吃油炸竹荚鱼和油炸牡蛎,所以我经常做给他吃。我们家竹荚鱼的做法是切下来三块,然后仔细地将鱼刺剔除掉。之后,在上面撒上细细的面包粉,放在油里炸。炸得外酥里嫩,吃起来非常美味。"

做油炸食物时,用的是一口铁锅。"这口铁锅已经用了很多年啦!"用的是菜籽油,将用过1~2次的老油分成3份,取其1/3,然后取新油的2/3,将两者混合在一起。每次都按照这样的比例进行混合。用完之后过滤一下,然后倒进瓶里,留待下次使用。这样一来不仅不浪费油,而且口感好,吃起来也安心。

1	2	3
4	5	

1. 取下3块竹荚鱼并撒上盐。2、3. 分别在两面拍上高筋面粉,然后滚一层蛋液,接着撒上面包粉。4. 炸的时候使用菜籽油,每次往锅里放入3~4块,等到外皮变成焦黄色时出锅。5. 油炸食品下面铺上夏季没用完的障子纸,用来控油。

从昨天走来,向明天走去!

过年时用的装饰花。"今年过年时用的年糕是女儿做的,还顺带做了装饰用花,真是太好了。"

英子女士谦虚地说"我也没做什么特别的事"。话虽如此，她的语言里却处处透露着人生智慧，比如，她讲到的积存时间，家人，吃饭。再比如：一个个的"昨天、今天"通往"明天"诸如此类。

最近，我常想起刚来到这里时的自然风光。如今，这些早已不复存在。每个街都有自己的特色，为什么就不能因地制宜呢？人哪，光顾着破坏大自然了，要是能与大自然和谐共生那该多好呢！归根到底，还是因为没把这里当成自己的家啊。

「人哪，光顾着破坏大自然了，要是能与大自然和谐共生那该多好呢」

积存时间

我是属于那种
通过为别人做事，
来获得自我认可和成就感的人。
我真是没用呢，
这世间的事，
没有一件做成功的，
两个人在一起时，
我总告诫自己：
"要做好哦。"

「做事要卖力，不然和废人有什么区别」

我之所以能有健康的身体，就是因为田里家里的事都自己来做，这样可以保持手脚不停地活动。

现在的生活太过于便利了，我总觉得哪里怪怪的。不管这时代如何变迁，最本质和重要的事情永远不会改变。

我希望自己的每一天都是由踏踏实实的点滴构成。

「我现在也没觉得自己老了呢」

多大算老？我 80 岁的时候才开始在田里种柿树苗。当我对修一说，要在 88 岁的时候吃上柿子时，还被他打趣道："英子，你这么说是觉得自己能活到 88 岁喽。脸皮还挺厚的嘛！"想不到前年就吃上啦！所以，根本不存在人老了来不及这种事儿。

2015 年，柿饼制作成功

虽然逐渐适应了一个人的生活，
我还是觉得一个人不行。
因为和他人在一起时，我能成为"配角"，
而不是"主角"。
我也从未想过去当"主角"，
我一直都认为做"配角"更自在。

近来，我频频有"年纪大了"的感觉。提起重物时，明显感觉到力不从心了。以前可以轻松举起15公斤的物品，现在却只能拽着往前走。不过，10公斤重的话还是没问题的。

「举起15公斤的物品已经力不从心了」

「任何事情方便过头了，就不好了」

老年人不要总想着让人照料，而应该想法帮助忙碌的年轻人。为此，日常生活中不能过度依赖拐杖、栏杆等物品。

我们家之前还曾讨论过拆掉台阶，建成缓坡的形式。考虑到一旦这样做的话，可能导致身体机能退化，就及时打住了。修一总是告诫我：要善于利用现有物品，不过度依赖外力，所以最终也没有修建缓坡。所以在我们家走路时要处处留心安全。

无论是楼梯还是田地，走的时候都要注意安全。也许正因为此，我才有现在的健康，可以打理田地吧。

"我现在没有任何烦恼,到点就能起,挨着枕头就能睡。大家总是说压力压力,什么是压力呀。能看得见吗?"

压力是怎样堆积起来的呢?有人知道吗?自己可不要给自己压力。

我用的都是自己喜欢的物品,自己家里的物品也是随意支配,所以不存在不开心的事儿。做什么都是按照自己的节奏来,当然啦,我原本就是一个我行我素之人(笑)。

平时也是深居简出,所以既不用见无谓之人,也无须多说无用之话。也可能因为这个,所以没有压力?

大概是性格所致,遇事时我既不会特别悲观,也不会消沉。我总觉得有什么大不了的呢?凡事车到山前必有路。我是不是太过于乐天了?

遇到事情时,晚上我也会烦恼一下。不过只要一想到有田地就有饭吃,顿时就安下心来。

「我的人生,没有大起大落」

夫妇之间，家人之间

"我刚结婚那会儿，
真的，什么都不会，连饭都做不好。
但是，我做什么修一吃什么，
从来没听他说过一句难听的。
现在想想，肯定很难吃。"

在娘家时，无论大小事都由父母或者女佣代劳，所以直到结婚前我什么都不会。具体也忘了当时都做的什么饭了，只记得每次只做一样。反正不像现在七荤八素，有菜有汤的。这些年来，"既然负责饮食，就必须做好"，这种想法一直鞭策着自己。

这已经是60年前的事了，现在做饭对英子女士来说已经易如反掌了。

我给修一购买衣物时，挑选的都是有质感的物品。不过，修一本人并不知道这些衣物的价格。

所以，他回来后总对我说："大家都说我，'津端，你的衣服都很有质感嘛'（笑）。"

俗话说的好：人靠衣装马靠鞍。穿的衣服精致了，人的精神气质也提升了，所以穿衣这方面不能偷工减料。因为衣服的质量非常好，所以他穿旧了之后我还可以接着穿。

"有质感的衣物，会给人格加分"

"凡事优先考虑他人。
一直到结婚前，我都没怎么见过钱。
结婚后家里的钱都是修一挣的，不是我自己的。
我把钱看成是存放在我这里的，
所以使用时也非常爱惜。"

"人都是既有优点又有缺点,不能只盯着他的缺点,不妨多看看他的优点"

我听说"近来很少有人把丈夫放在第一位"。但是,从小家里人就教育我:要听男人的话。

人都是既有优点又有缺点。如果只盯着他的缺点看,恐怕要抑郁了。我觉得给予男人充分的信任和支持,他才会在工作中获得自信。

有时会有人问我:"您和修一吵过架吗?"根本没有值得吵架的事情嘛。遇到事情时,他会提醒我,我发现:嗯,真是这样的呢,于是很快就采纳了他的意见。也可能因为他说话从来没有出言不逊过,所以我也乐意听取他的建议。就拿农具来说吧,他并没有抱怨我放乱了这类话。相反,他按照功能分类漆上了颜色。这样,即使放乱了,也能很快找出来。这就是修一做事的方法。

"一日三餐顿顿都吃好的话，就不会生病。如果让家人生病了，我认为责任在我"

作为食物的管理者，守护家人的健康，我责无旁贷。修一不在外面吃饭，无论早饭、午饭还是晚饭，吃的都是我做的食物，所以必须给他提供健康的饮食。他不喜欢吃鱼，我就把鱼磨碎，或者准备些小鱼。总之变着花样，让他在不知不觉中多吃些。工夫总算没有白费，他几乎没有生过病。

"结婚后不久我发现，咦，我们磨合得还挺好的。没想到修一也深有同感"

我和修一两个人通过相亲结婚，双方在此之前对彼此一无所知。因此，相互之间一开始并没有"心动"的感觉。

但是，随着每天做饭、照料家庭，在与他朝夕相处的过程中，我逐渐了解了修一的为人，两人之间渐渐有了默契。夫妇在相处的过程中，能够感受到彼此间的化学反应。

食物、生活

"不需要物质"

　　自从修一走了之后,两个女儿开始频繁来看我。浴室和盥洗室都是她们的物品,什么洗发液啊,化妆品呀,摆得满满的。当然啦,现在都流行这个,这也是没办法的事。我,只要一块肥皂就足够了。所以,我总是忍不住想:怎么用得了那么多东西呢!

　　衣服是修一淘汰下来或者女儿穿旧的。虽然没有钱,但是只要把田地和杂木林留给女儿和孙辈们就足够了。

"忘性越来越大了,所以,凡事必须得提前安排"

"其他东西有没有都无所谓,
但粮食绝对是大事"

"急当然急啦,
但也只能耐着性子先做能做之事"

收获的季节,有时几种作物会赶在一起。这也需要收,那也需要收。一想到这我就急得不行,只得安慰自己尽力就好。

"做饭、收拾,做饭、收拾,
这就是60年来我反复做的事情,
所以,我只会做这一件事"

「吃，是一件费工夫的事」

料理是需要费工夫的，有时即使什么都不做，经过时间的酝酿，也会产生让人惊艳的味道。

海带可是需要煮上一周左右的呢。

「近来，凡事都开始偷懒了」

到了这个年纪，很多事都有心无力了。活动一会儿就想睡，活动一会儿就想睡，很多事逐渐成了负担。

但是如果不锻炼的话，很快就会衰老。所以，休息过后还要活动。我非常喜欢料理，所以也不觉得这是个苦差事。吃完之后再慢慢收拾，基本要用2～3个小时。即使如此，我也毫不介意，活动活动手脚本身也是为自己好。

「只要修一吃了，就算没白费工夫」

修一不是很少吃鱼嘛，但是鱼对身体好，我又想让他吃一些，为此想了各种办法。我把蛋黄和大葱混在一起做成沙丁鱼丸子，这样他吃的时候完全看不出来。反正只要让他吃下，我就赢啦（笑）！我不喜欢吃土豆，修一却喜欢吃土豆肉末炸饼，所以经常做给他吃，我也会跟着吃一些。

往往就是这样啊，一个人的时候是绝对不会碰自己不喜欢的食物的。有了另一半之后，却愿意为对方去尝试这些食物。

「食也，命也」

我小时候体弱多病（有很多忌口的食物），只能吃母亲做的饭菜。因此，即使没人特意告诉我，我也很早就体会到食物对身体健康的重要性。开始掌勺以后，我更是时刻谨记这一点，因为这关系到全家人的健康。

在名古屋刚定居下来时，我家经常聚集着很多关注食品安全的人，因此我这方面的意识更强了。也是从那时候开始，我觉得应该自己种蔬菜。如果需要购物的话，也会先考察一番，选定值得信赖的商店，只从那个店里购买。

食品的质量取决于制作的人和销售的人，所以购买时先看人再决定是否购买，比如：销售人员、经营者……修一也常说"家族经营式的店铺比较好"，看来他也意识到了这点。我这一辈子都在为了吃而东奔西走。

"剪下来的苗虽小却不乏营养，不过得尽快吃掉，不然很快就蔫儿了。"

砂锅是英子女士做料理时必不可少的工具，反复多炖几次后，味道醇香而独特。

"熟能生巧，任何事，只要反复做，总有一天能做好。今天一定比昨天好，明天更胜过今天"

刚结婚那会儿，我也看了很多料理方面的书。一边看一边尝试，等到能够掌握甜咸之后，就不再看了。

我从小只吃母亲做的饭，所以我理解的美味是记忆中熟悉的味道，烧制出的饭菜也和这种味道非常接近。我做饭的时候都是跟着感觉走，差不多就行啦。在日复一日的锻炼过程中，逐渐掌握了各种细节。大家也是如此，一件事只要反复做总能掌握。

"一个人不可能全部吃完，都是让大家帮着一起吃"

做的糕点类食品我也吃不多。有人在的时候都是和大家一起分着吃，一起吃也会觉得特别香。

「于我而言，没有什么事是今天之内必须完成的」

这天儿一天比一天热了，吃点心的话宜选择含水分多的，寒天是夏天必不可少的解暑点心。晶莹剔透的造型不仅充满了诱惑，也给炎炎夏日带来了清凉，吃起来更是爽滑可口。寒天里加入水后就会泡发，将水和泡发的寒天放入锅中，然后开火。等寒天溶解后，加入蜂蜜并混合，倒入容器中冷却凝固后切成四角形，再淋上用砂糖自制的糖浆就可以吃啦！

春夏

　　春天,天气暖起来。这是一年当中蔬菜品种最全的季节。夏季光照强烈,是麦子收获的季节,也是制作麦茶的好时候。虽然热得汗流浃背,却忙得不亦乐乎。

开着粉色小花的是花桃，希望今年也能多结桃子。

春天的菜园

秋冬时节播种培育的白菜、大葱、花椰菜等，到了春天就可以收获了。秋天种下的大豆和麦子已经长成了小苗，花儿也渐次开放，到了初夏，果实就会挂满枝头。春天的菜园里，压抑了一个冬季的植物都在舒展筋骨，奋力生长。

"去年太忙了，就连地里的活儿都做得少了。不过，要想身体好，还是得吃自己种的食物。今年田里的活儿要从翻土开始做起，认真努力做好。"英子女士说道。

自从修一先生离世之后，英子女士终于再次迎来了人生中的春天。

白菜越冬时，用绳子将白菜上部捆好，这样就可以防止寒气和风霜损伤白菜。"只有自家人吃，所以一次也吃不了多少，因此必须想办法存放的时间长点。"花菜长得差不多大时就可以收获了，用开水焯一下后冷冻起来。在缺少蔬菜的时节，能帮上大忙。

\ 大豆花 /

樱桃花

麦子

3月，播种

在走廊下方用树枝分成了6块苗床，分别种上了正月菜、塌菜、芜青、菠菜、生菜、小松菜。"由于出芽后还需要间苗，所以撒种时不用那么精细，我都是大把撒种。"撒种后，覆盖上堆肥，之后再铺一层稻壳。"这里还比较冷，这样不仅可以防寒还能养护土。"

换上工作服

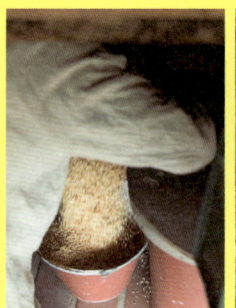

好，开始吧

翻土

覆盖堆肥

铺上稻壳

撒种

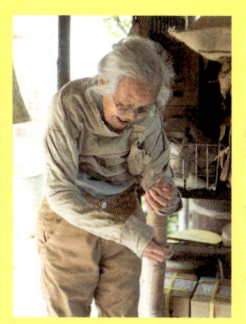

完成

充分浇水

果酱在使用前一直保存在专用冰箱里。苹果冻是专为女儿制作的,"20个红玉才做了5瓶,太奢侈啦。"

樱桃收获后去核并冷冻,攒够一定量后与细砂糖、水及少许红酒醋(以代替柠檬)放入锅中,然后用大火快速煮一下。"给樱桃去核这活儿,每年都是我和修一俩人做的。"

清爽可口的果冻与夏天简直是绝配!"炎炎夏日,与其吃点心不如来杯果冻。"从上到下照片依次为:枇杷果冻(今年收获了很多)、苹果果冻(非苹果季节入手的宝贵苹果)、咖啡果冻(采用寒天制作而成)。

果酱与果冻

"入夏后,各种水果都开始成熟了,真是忙得要命哪。"英子女士说道。然后,按照樱桃、枇杷、甘夏橘等收获顺序制作成果酱和果冻。其中,要数果酱最为好用。不仅可以搭配早餐,还可以待客,用作回礼也非常方便。每年的这个时期,英子女士和修一先生都忙个不停。

"每次制作果酱饼时,修一都会一口气买很多一模一样的瓶子。现在,每逢制作果酱时,我总是忍不住想起这件事。"

\ 麦子收获啦 /

\ 马上制作麦茶 /

初夏的菜园

　　这是一年当中最忙的季节，菜园里的麦子、叶菜、果实长得飞快，一刻都不能大意。麦子转眼之间就抽穗了，樱桃和枇杷也是一天一个样，梅子的情况则要依据天气而定。此外，还要煮果酱、晒梅子、腌藠头、收麦子（可以制作麦茶），每天都忙得不亦乐乎。

　　"即使频繁间苗，小松菜还是长得非常快，不吃快点就长老了。生菜心处的叶子比较嫩，可以做果汁。为了避免虫子抢先下手，每天都需要检查。"

\ 枇杷 /　　\ 梅子 /　　\ 樱桃 /

\ 培育叶菜 /

"这块儿头有些大了。光我们自己哪能吃得完哪,您捎回去点儿?"有时,英子女士会让客人捎回去些新采摘的蔬菜。白胖水灵的大萝卜是津端家这片肥沃土地的结晶。

/ 大豆也长大了 \

1 翻土

7月，
移植决明子苗

"我们家一年四季都没有断过决明子茶，但是却都没有撒过种。决明子成熟后会从果荚里蹦出来，所以地里到处都是芽儿。为此，特意划分了3块地方，把这些苗移植到这里。带土移植过来后，只要在最初的3天里浇透水，以后就不用管了。"

马上进入伏天了，以后要到6点左右才能来地里干活了，忙1个小时后回家。以后要多种那些不费事的作物，以应对秋天的收获。

2 倒入腐烂叶土

3 连根刨起，以防伤到根部

5 种植到2处

4 小铲子运土

6 浇水

赫伦(Herend)瓷器，给修一供花时使用，每个月都会买一个，然后攒起来。

最喜欢的赫伦(Herend)茶杯和托盘，准备以后留给外孙女花子。

英子女士的器皿

"我非常喜欢器皿，每次看到后都忍不住想买。总想着选择性使用，不知不觉间也购买了些餐具。都这个岁数了，我想着该处理的就处理了，只留着好的。也不是说因为都是自己用的，所以就净挑好的买，而是想使用既大方得体又经久耐用的器皿。"

这就是英子女士的理念。对于英子女士来说，每年这个时候最重要的事是更换器皿，而不是换季衣服。英子女士的橱柜里摆放着应季的餐具，冬季用的是厚实的瓷器餐具，现在则换成了清凉的玻璃餐具。往桌上一放，夏日的气息，就迎面扑来。

上面的器皿是修一先生非常钟爱的萨摩切子。据说，在去塔西提岛访问的时候，他还随身携带着，在当地拿出来喝啤酒。无论是透明的玻璃杯，还是色彩绚丽的器皿，都给充满了季节感的桌子增添了靓丽的色彩。

修一生前非常喜欢吃的炸竹荚鱼，又搭配了些焯过水的西兰花和花菜。料理散发着诱人的香气，在大小不一的蓝色餐具映衬下，更让人垂涎欲滴。

"今儿咱们在桌子上做烧烤，边吃边慢慢聊呀"，英子女士一边笑着说，一边翻弄烧烤，一刻也没闲着。

将醋和甜菜糖放在一起煮沸后冷却，然后放入切好的新生姜薄片，之后加入切碎的作料。

英子女士非常重视季节感，这在料理和点心的制作及器皿的使用上都体现得淋漓尽致。这点从她对传统节日活动的重视上也可以看出来。

"3月是女儿节，5月是男孩节。修一生前喜欢吃鲣鱼生鱼片，所以每年的男孩节我们都会做鲣鱼生鱼片。接待客人时，也一定会做这道菜。"

我们总是从心仪的商店里订购鲣鱼生鱼片，然后在里面放入很多作料，比如：大葱、蘘荷、糖醋生姜、花椒等，一道风味绝佳的英子菜肴就制作成功啦！

春夏宴客

5月的餐桌极其丰盛，不仅有冷冻蔬菜、鸡肉，还有从山政订购的美味鲣鱼生鱼片。

"和大家一起吃才香呢。我就是个陪吃的。"

坚持每天都做少许工作

坚持每天在地里工作1个小时,活动活动手脚,不依赖他人。英子女士给自己规定了很多不同种类的定额工作。

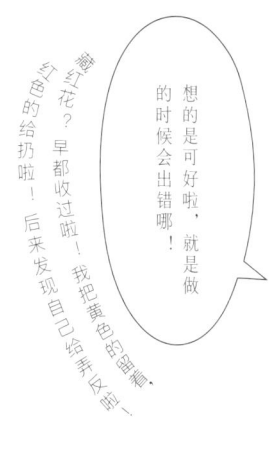

> 想的是可好啦,就是做的时候会出错哪!

> 藏红花?早都收过啦!我把黄色的留着,红色的给扔啦!后来发现自己给弄反啦……

在被窝里思考明天

英子女士习惯睡前考虑下第二天做事的流程,比如:锄草、翻土施肥、播种、三餐的准备、厨房的整理等等。"早饭得好好吃呢;午饭简单些,不行来个乌冬面;栗子开始落了,得赶快捡呢。这看似简单的日复一日,每天却都要做很多不同的工作。"

虽然晚上睡觉前只是进行了笼统的规划,第二天做起事来却能顺畅很多。一件件定量的工作都按计划完成后,心里也非常轻松舒畅。

"岁月不饶人哪,现在做事越来越迟缓,也越来越健忘啦!特别是有客人来的时候,如果不把流程事先规划好,工作就做不完。"(笑)

不用栏杆

"我们家到处都是危险的地方哟（笑），"英子女士一边笑着说，一边稳稳地从台阶上缓步走下来，"不行啦，越来越不中用啦！"

用黄色的漆标记台阶

生活就是点滴的积累

"久坐不动的话，肩膀不是该酸痛了嘛。我可不想变成这样，所以我把工作都分成小额的量。比如：田里一次只工作1个小时，织布也是一次只织1个小时。哪怕正在兴头上，到点了我也会停下来。"英子女士说道。

"任何事都不能攒到一起，一点一滴的解决非常重要。勤做家务不仅对大脑有益，而且还活动了手脚，对身体也好。"

英子女士总是有很多工作要做，比如：做家务、去田里、写回信，有时则是购物。英子女士把这些工作分成了小额的量，每天都做一些，而不是一天之内全部解决掉。这就是英子女士的生活方式：简洁、清晰、明了。

左／用塑料瓶装好的水，这个水每天都用，每天都更新，是日常备水，而非紧急时刻用的。右／岩手县龙泉洞的水。每月都会让人寄10箱，一箱6瓶。

每天早上打水

"喝的水和做料理时用的水是从岩手县龙泉洞订购的，刷锅、洗碗、淘菜、（取暖用）汤壶等用的则是塑料瓶里装的自来水。我们家常备着12瓶2升的塑料瓶装水，每天大概用掉3瓶，按照打水的先后顺序循环使用。比如，当天的水用完之后，第二天早上会及时装入新水。所以，即使有什么突发情况，也不用担心水变味。"

"记不清哪一年冬天的事了，因为天太冷导致水管冻住，水流不出来了。幸亏那时候预备了水，才不至于为难。瓶子太大的话，装满水后搬不动，2升大小的塑料瓶刚好。"英子女士说道。

> 忘了到底放哪儿了哟……

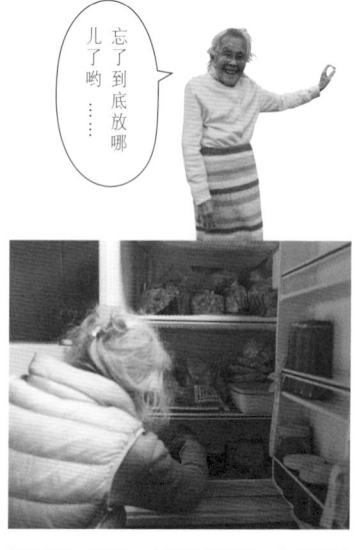

"西兰花、花菜、大葱配绿豌豆。这些都是冷冻过的，放在高汤里一煮就非常香！"此外，还可以根据当天的口味，加入鸡肉清汤、番茄酱等进行调味。

餐桌美味的守护者——冷冻柜

我平时很少去购物，只有在取养老金的时候才顺便去买些东西，平时主要靠冷冻。通常，我会买些鱼以及菜园里没有或者栽种不了的蔬菜。

"白菜和豆芽用水焯一下后，分成一小份一小份冷冻起来。蘑菇的话不需要做任何处理。吃的时候，从冷冻柜里拿出来直接放入海带高汤里。然后，再加入些佐料，一锅热气腾腾的美味就做成了。"

购物后的第二天因为要对食物做冷冻前处理，所以往往比较忙。不过，也就当天忙那一会儿，往后做饭时就不用再操心这方面的事了。鱼可以先备三块，之后无论是烧烤还是油炸都非常方便。冷冻后，使用时每种都取一些，可以保证营养的全面性。

"我一般都备有做点心用的水果馅饼台、豆馅，做好后就冷冻起来。这样即使有客人突然来访，也丝毫不必慌张，因为一切尽在掌控之中。"英子女士信心满满地说道。

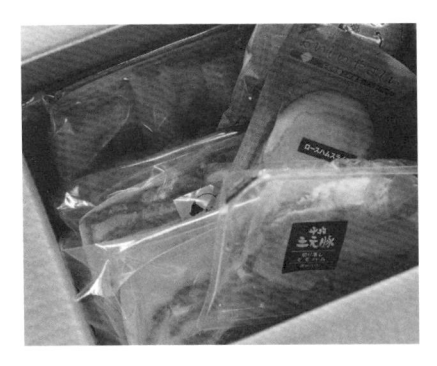

猪肉和火腿寄到啦

从平田牧场订购了一些最近很火的猪肉和火腿。"据说那里的猪是吃大米长大的,尝过之后发现果然名不虚传:肉质鲜嫩,口感清爽,吃完之后唇齿留香。此外,做成猪肉氽锅也非常好吃。"对于食物,英子女士永远都有强烈的好奇心和探索欲望,看中了一种食物就开始大胆尝试。

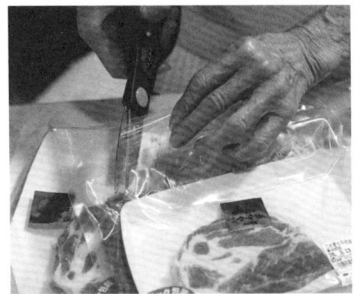

"火腿和肉类来自纪之国屋超市和平田牧场。最近很少去名古屋购物,买东西基本都采用订购的方式。"

食物寄到后,就立即把它们分成一小份一小份的,然后冷冻起来。无论是比较薄的肉,还是火腿,都会用保鲜膜包起来。肉比较薄的话,2～3片作为一份,火腿则每片独立成份。

"猛一听觉得这样操作起来还挺麻烦的,却为后面省了很多事。因为无论火腿配早餐,还是做沙拉,一次最多才用一片。所以,虽然前面费了点事,却为使用提供了很多便利。"

先预估出每次的用量,然后再用保鲜膜包起来。事前规划,避免浪费,使食物得到最大化利用,这就是英子女士自成一派的小额冷冻包装法。

"食物都冷冻起来后,就不用再操心当月吃的事了。一想到一时半会儿不用出门了,整颗心都安定下来了!"

及时把肉类分成小份,并冷冻起来

米饭熟了之后，在里面加入海带，在手上沾些盐后捏好。接着，用修一最喜欢的幡豆海苔包起来卷好，简单又美味的饭团就出炉啦！

蔬菜不够，海苔来凑

我家总是常备着海苔，因为并不能保证蔬菜时刻都有。有时是没来得及购买，有时则是因为季节原因，此时就轮到海苔大显身手了。

"海苔不就是海里的蔬菜嘛，不仅富含营养，而且食用方便。既可以包在米饭外面做饭团，也可以烘干后咔嚓掰断拧碎后装进瓶里，放在餐桌上，修一很喜欢配着米饭一起吃。"

和英子女士一交流我才发现，原来他们家不光蔬菜不够时用海苔来代替，就连平时也经常吃呢。

"我一次都订购10帖①呢，也给我女儿送一些。所以呀，不光蔬菜不够的时候，其实每天都在吃呢。往瓶子里一放，还没来得及受潮就吃光啦。"

---

① 海苔、紫菜等的计量单位，10片海苔为一帖。

"修一晾晒衣物时,总是押得板板正正的,我是差不多就行了。(笑)"

> 秘诀就是每天都坚持做一些家务。

无论有没有客人,津端家的桌布永远都是那么干净整洁,连个褶皱都没有。据说,吃饭时还会铺上餐具垫,我心想光洗这些就是个不小的工作量啊。

英子女士仿佛猜透了我的心思似的说:"我每天都洗,习惯成自然,所以也不觉得累。和地里的活儿一样,洗衣、熨烫等家务每天都做一些,从来不攒到一块儿。一次只做一点,往往觉得还没开始呢就做完了,所以根本不会觉得累。"

据说有客人来的时候,有时甚至一天换 2～3 张桌布。此时,"不要一次性洗完,而是分批次洗,这是最重要的。"

每天洗衣,每天熨烫

/新年花饰\

这是他们的女儿自己做的新年花饰，捣年糕这项工作也由其接手了。这个就是津端家年糕的形状，煮年糕或者年糕小豆汤时往里放一些，香糯可口。

新年与家人乐享美食

"我们家每个人口味都不一样，比如：修一喜欢吃年糕，而不喜欢吃什锦年菜，就算做了他也不吃；孩子们则喜欢牛舌炖菜和治部煮。所以，过年时我会按照每个人的喜好都备一些，谁爱吃什么就吃什么。虽说没有刻意做什锦年菜，但是家里一年四季都没断过黑豆和沙丁鱼干，过年时也会吃。"

以前连个像样的吃的都没有，新年时能吃上什锦年菜就是天大的幸福啦。和现在是没法比呀，现在只要有钱什么买不到啊。一到过年的时候，远在东京的女儿，就带着孩子们回来了，一大家子欢聚一堂，好不热闹。到了饭点，桌上就摆满了具有津端家特色的新年饭菜。

爱读的书

玛丽夫人的食品保存术

这本书是修一给我买的,给了我很多启发,简直就是我初学冷冻食材时的圣经。有一天,修一很兴奋地拿回来一本书,对我说:"孩儿他妈,你瞅瞅给你带了一本好书。"

想方设法补钙

一年四季,饭桌上从来没断过沙丁鱼干、白鱼等小鱼。"修一不喜欢吃鱼,不过做成这样他还能吃些。"

　　过年时,饭桌上还有一样不可或缺的物品,带着节日气氛的奢华餐具,比如:京都的老古董九谷烧。在艳丽的色彩和花纹的映衬下,英子女士做的饭菜更让人垂涎欲滴。据说,用来盛放煮年糕的漆碗是在京都南禅寺附近的一家店里购买的。

　　"买碗这事我记得很清楚,那会儿修一出海不在家。于是,我和女儿俩人去京都旅行。在一家店里偶然发现的,就买下来了。"

　　今年过年时,家人都回来了,一大家子凑在一起热闹非凡。所以,英子女士忙里忙外,为大家张罗着饭菜。

　　"大家一见面就有说不完的话,往往一看表都11点多该睡觉了。连午休都取消啦,作息全乱了。不过,还好捣年糕已经做完了。"

英子女士和以前一样，轻声唤着修一："修一呀，该吃饭啦。"说着，摆上了供饭。

修一先生的供饭2

转眼间修一走了一年半了，最近上供饭的时间有时是早上，有时是中午，甚至是晚上。

"我早饭都吃面包，修一又不爱吃这个，所以只有等中午或晚上做米饭了，再给他供饭。放饭时，也会给他唠唠嗑：好久没做可乐饼啦，尝尝味道咋样；现在正是炸牡蛎的好时节，看看鲜不鲜。很多事都已经力不从心了，做啥都慢腾腾、慢腾腾的。"

尽管如此，每次给修一摆上供饭后，再对着他的照片念叨几句，不知不觉心就会静下来。

"能给修一做一辈子饭是我这辈子的福气。走了之后还给我留下了退休金，托他的福，我现在过着吃穿不愁的生活，我是何等的幸运啊。"

来客人时，一般会做的比较丰盛一些，使用的餐具也和客人的一样。

试吃樱桃

"我还想着不知道熟了没有呢,没想到竟然这么甜!今年要做些果酱和果冻。"

与明天紧密相连

"闺女刚出生那会儿,我就梦想着将来有一天她出嫁时,送给她一床鲣鱼花纹那样的条纹被。所以,后来我就给修一说我想织布。里面的被芯也是自家地里的棉花,每年一点一点攒下来的。将薄被子送到两个闺女手中时,别提她们有多高兴啦。我和修一想给后代留下一些有意义的东西,比如:与修一一起建造,并逐渐完善的这个家和田地。以后留给闺女,再由闺女传给她的孩子,就这样一代代传下去。这些经时间打磨,用心养护的东西虽非金钱,却是金钱无可比拟的。"

英子女士说,就连橱柜里的这些餐具,现在都已经不是自己的啦!

"购买时,就考虑到了以后让女儿和孙辈也能用上。所以,购买时挑选的都是好东西,这些是一点一点攒下来的。不过,现

修葺前

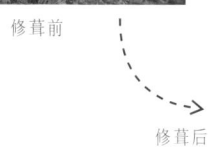

修葺后

近门处的竹围墙是我女婿和他外甥两个人帮着修葺的，非常结实，再也不用担心刮台风和下雪了。

在除了正中间的这个柜子，这些都已经不属于我啦，只是暂存在我这而已。你看我像不像电影里借物生活的人呢（笑）？"

虽然现在自己还在用，不过等到女儿和孙辈回到这里后，这些东西就该传给他们啦。

"我估计到时候厨房都该被改造成另一番模样啦！"英子女士接着说道。

到了今年才好不容易缓过劲来，生活有了目标。

"人哪，如果一开始就一个人过的话也不会觉得有什么不妥之处。我们俩人则是从来就没有分开过，抬眼望去家里都是修一的影子，怎能叫我不伤悲。也正因为如此，我才更要守护好修一留下的这个家，我也是最近才突然意识到这一点。所谓的岁月流逝大概就是指这回事吧。"

这家医院真不错啊，非常负责任，我也来加入他们吧！

修一先生和 MACHI SANA 1

佐贺的伊万里市计划建造MACHI SANA(日文为まちさな)，因缘际会，修一先生参与了它的设计。他经常一点一点修改设计图，每隔2～3天就给伊万里送一次。

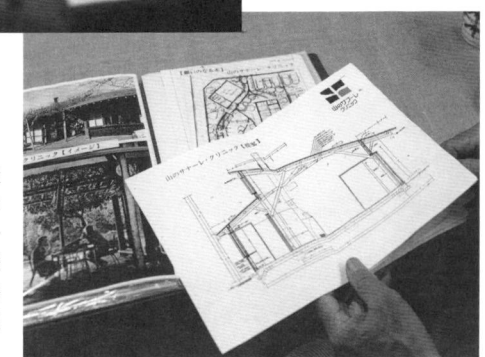

MACHI SANA

番外篇　明天也是小春日和

深处大自然怀抱中的MACHI SANA，采用与自然相结合的设计方式，将自然与生活完美融合在了一起。这与津端家的生活方式有很多共同点。

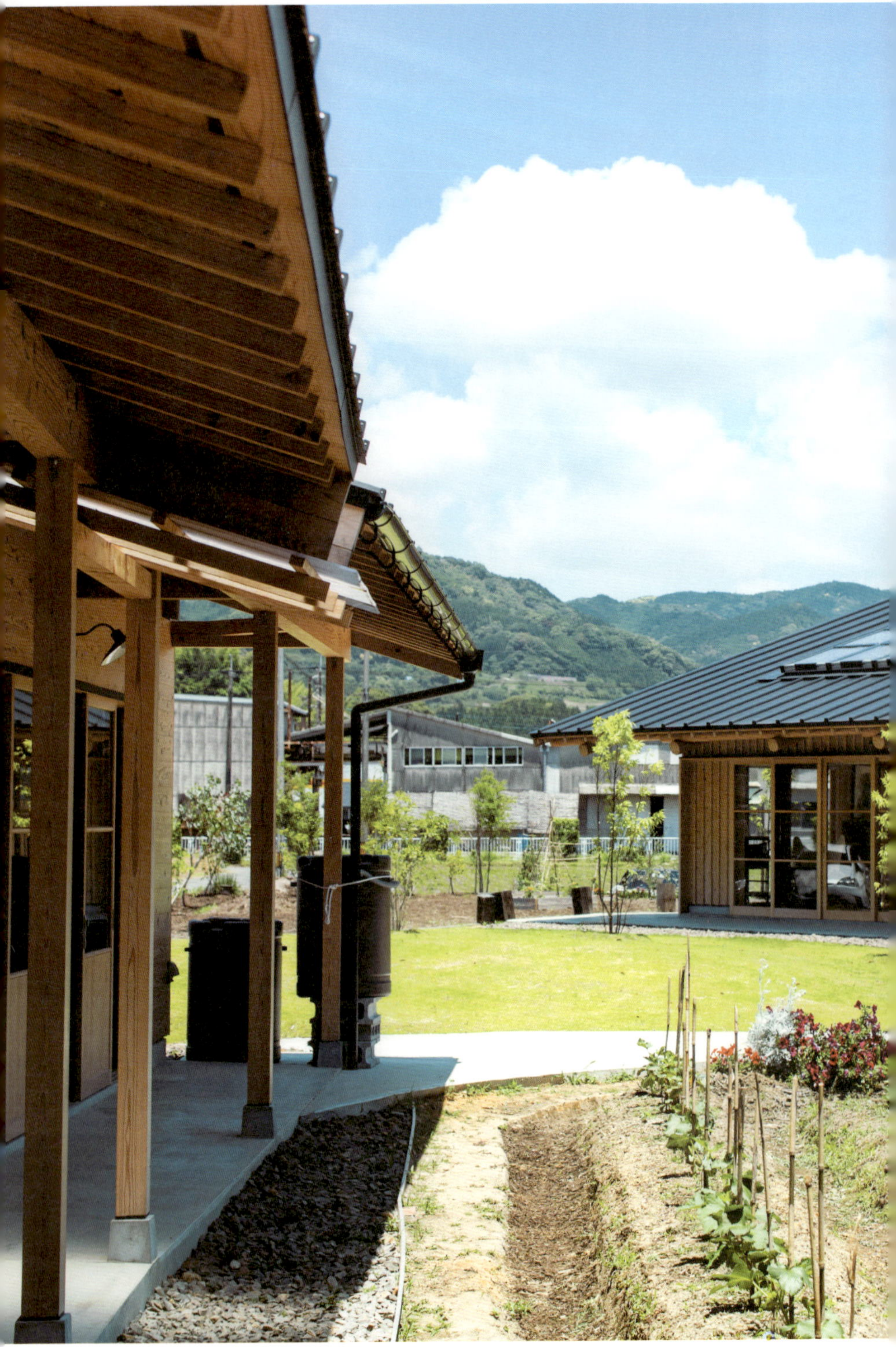

修一先生最后的工作

MACHI SANA 是由精神科医院"山のサナーレ・クリニック"经营的医疗福利综合设施,由建筑物和菜园两部分构成。其中,建筑物仿照建筑大师安托尼·雷蒙德家的房子建造而成,旨在提供一个适合人们放松心情、亲近自然的场所。这个理念引发了修一先生的共鸣,他当即提出了愿意协助设计的意愿。

来自英子女士的礼物

竣工时,英子女士特意送来了苗木作为纪念。于是,我们在这里种上了覆盆子、柠檬等。

左：员工工作间。阳光洒在充满了香味的空间，温暖而治愈。右：来菜园里察看作物长势的小山女士。

一切始于一次通话

作业疗法士：小山侑子女士

　　修一先生和小山女士的相识缘于小山女士读的一本书——《明天也是小春日和》。

　　书中描写的英子的菜园深深吸引了小山女士，读完之后小山女士觉得这种生活简直美如诗。无论是田地的治愈力，还是可爱的木制提示牌，抑或是堆肥的方式，都让小山女士深深着迷。在阅读的过程中，她愈发觉得这种生活方式与医院要建造的新设施在理念上有很多交集，便萌生了去找修一先生交流的念头。

　　于是，她给编辑部打了电话，提出了想去津端家进行参观的请求。修一先生从编辑部那里听说了小山女士的愿望后，立即痛快答应了。从此，二人便开始了信件往来。到了2015年4月，小山女士和临床心理士木下先生一起拜访了高藏寺。

　　"原本我们并没有抱太多的奢望，想着只要能参观下菜园和俩人的日常生活就非常满足啦。如果还有多余时间

在这里大家既相互尊重，又保有着自己的个性，其乐融融。

能再咨询下正在进行的设计就更好啦！"

万万没想到，等我们到的时候，修一先生早已准备好了伊万里的地图。一见面，他就很自然地聊起有关设计方面的事儿："这里有风通过，建筑物如能这样建造的话比较好。"

"他一边询问着设施方面的概要，一边快速画出草图。画好后就直接把草图撕下来给我了。"

MACHI SANA 除了为精神障碍者提供就业方面的帮助外，还提供心理看护、精神保健福利方面的咨询及心理辅导，帮助每一个人实现"其特有的生活方式"。小山女士刚回到伊万里，就收到了修一先生写来的信："我已经90岁了，没想到在人生的最后时刻还能遇到这么棒的工作。我不要酬金、设计费等任何费用，只想参与到工作中来。因此，请不要有任何顾虑，欢迎随时和我联系讨论相关事宜，肯定会有好事发生的。"因此，MACHI SANA 放弃了之前所进行的一切计划，将设计交由修一先生全权处理。

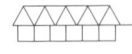

打造非「直线」空间

修一因病住院后，目之所及全是笔直的人工建筑，这让他非常不舒服。所以，这次他考虑如何利用带有弧度的路把建筑物连接起来。与笔直的道路相比，兼具多样性且与自然融为一体的设施更受欢迎。这种与自然和谐共生的风格是修一的一贯设计理念。

经过点滴修改后，每隔2～3天给伊万里发送一次设计草稿。当然，所有设计图全部手绘而成。

长长的房檐是雷蒙德式样的特征。房檐下没有设置支柱，顺着设计曲线可以望到建筑物的纵深处。隧道也并非笔直的，而是采用了优美的曲线。

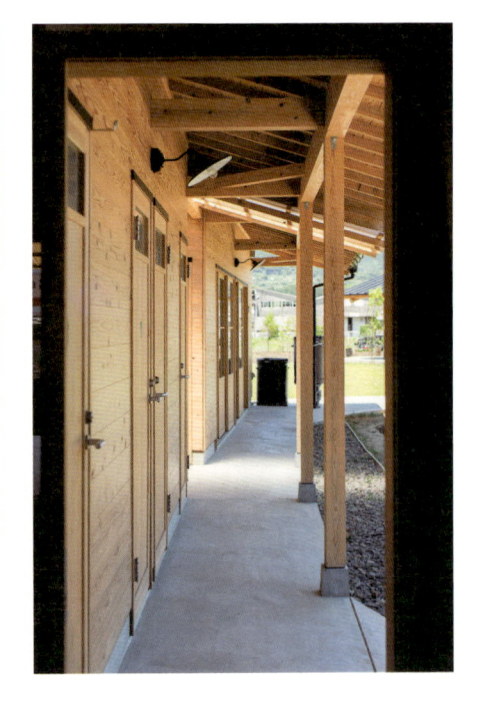

\ 作业小屋 /

做农活用的小屋宽敞又舒适，适合手工作业。

\ 工作台也由工作人员制作而成 /

工作间既开阔又通风良好，在这里工作起来非常舒心，收拾着也非常方便。即使一整天都在这里工作，也不会觉得烦闷。

\ 以后准备把这里作为小卖店 /

这个建筑物带有一扇大大的推窗，准备以后把这里改成小卖店，专门出售地里收获的蔬菜。

这里由四个木造建筑物构成，分别是员工工作间、咖啡间、作业小屋、菜园。木造建筑虽然维护起来非常麻烦，但却时刻提醒着我们：凡事不能太过于省事，否则会忽略掉重要的东西。这和人类非常类似：缺少了打理，人也会变弱，这便是活着的最好证明。

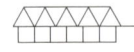

想把这里打造成包容多样性的场所

临床心理士：木下博正

"原本想建造成镀铝锌合金结构的2层房，这样地基上就可以留出更多的蔬菜用地。当然，也不是说这种设计不好。"对于与修一先生见面前的设计方案，木下先生如是评价道。

"只是在整个设计方案中，没有人像津端先生那样，不仅考虑了通风，而且顾及了这里工作人员的舒适度。修一先生说，建筑物对人的影响非常大，要慎重对待。修一先生在高藏寺实现了他想要的生活，这种生活与我们想做的事有交集。当我思考建筑物对人所产生的影响时，我发现自己对于要做什么以及应该怎么做毫无头绪。所以，与修一先生的这次邂逅可谓意义重大。"

"现在的人们考虑的往往是费用和时间的高效化，然而建筑物和食物并不能用这个标准来衡量。"木下先生说道。

"打个比方,这就好比人一样。每个人所感受到的时间,看到的风景都不相同。追求整齐划一当然可以,但是也要有个度。受到大环境影响,大家都在一窝蜂地追求统一性,所以才导致越来越多的人感觉生存艰难。"

人类需要保持多样性,这样才好。所以,在这里,咖啡馆的工作人员不需要穿统一的工作服。菜园里也是如此,我们不会为了追求高效只种植一种作物,而是每种作物都种一些。人有千差万别,这里的设施也应该体现这种差异化。

"照常理来说,人们更喜欢阳光灿烂的日子。但是在这里,你会忍不住想:哎呀,怎么还不下雨啊。雨水从大大的房檐上滴滴答答地落下,发出悦耳的声音,不仅滋养了作物,还能抚慰心灵。虽说价值观因人而异,但我打心眼里觉得建造了一个与众不同的地方。现在这里已经完全建好了,我再次深切地感受到了这些。"

发挥才智,实现与大自然的和谐共生

工作人员开心地说:"在这里,即使一刻不停地工作一整天,也不会有任何不舒服的感觉。"从咖啡馆里望去,院子里的风景一览无余。刚种上不久的树苗才一人高,虽然看起来细细弱弱的,但终有一天会高过建筑物,长成参天大树。这里一直在探索与大自然和谐共生的各种方法,比如:将厨余垃圾作为肥料和地里的土一起混合后使用,将新采摘的作物在咖啡馆销售等等。

\ 乐享雨天 /

雨天漫步在室外,在宽大房檐的庇护下,丝毫不用担心被雨淋到。利用石子进行挡水,而没有设置雨水槽。

上左 / 咖啡馆里面厨余垃圾制作的堆肥，做成后与田里的土混合后使用。上右 / 大桶收集的雨水用来给地里的作物浇水。下 / 此处存放的是供咖啡馆取暖炉所用的木材。

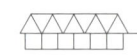

田里的提示牌模仿津端家的风格，统一制作成了黄色。充满趣味的插画也是受到了津端家的影响。除了蔬菜之外，还培育有香草、果树等植物。

可以放心吃的蔬菜

继承了英子女士的精神

5月，初夏的田里正是作物快速生长的季节。这里也和英子女士的菜园一样，栽种了很多种类的作物。虽然每种作物量不多，却非常齐全。原来的土经过改良后就变成了适合种植作物的土。至于方法嘛，则是跟着长崎佐世保专门研究无农药栽培的老师学的，计划每年都种植70～80种蔬菜。

将地里收获的摩洛哥扁豆放在咖啡馆里销售。刚采摘的蔬菜受到很多人的追捧，刚摆上架就被抢购一空。

给苦瓜搭的架子。盛夏时节，架子上爬满了藤蔓，这里就会成为一个绿色的隧道。

负责菜园的工作人员在维护田地周围，浇水、捉虫、搭架子、制作提示牌等等，工作可不少呢。

和津端家
一模一样

窗户设置得非常高，有利于采光，这也是雷蒙德家的特征。高高的天花有利于采光。

```
咖啡·自然之心

佐贺县伊万里市
二里町八谷搦 1179
营业时间 12:00-16:00
       (LO 15:30)
固定休息日
周日、周一、周三、节日
Tel 0955-25-9789
```

同时落成的咖啡馆，是个悠闲放松的好地方

位于窗户边的椅子坐着非常舒服，抓手也做得恰到好处，往上一坐就不想站起来了。

阳光透过大大的天窗洒落进来，即使不用照明灯，这里也非常明亮。仿照雷蒙德事务所的样式，地板也采用了水泥材质。为了方便移动，选的是细腿家具，也为房间增加了开阔感。把家具移开后，这里就变成了开阔之地，甚至可以举办音乐会等活动。

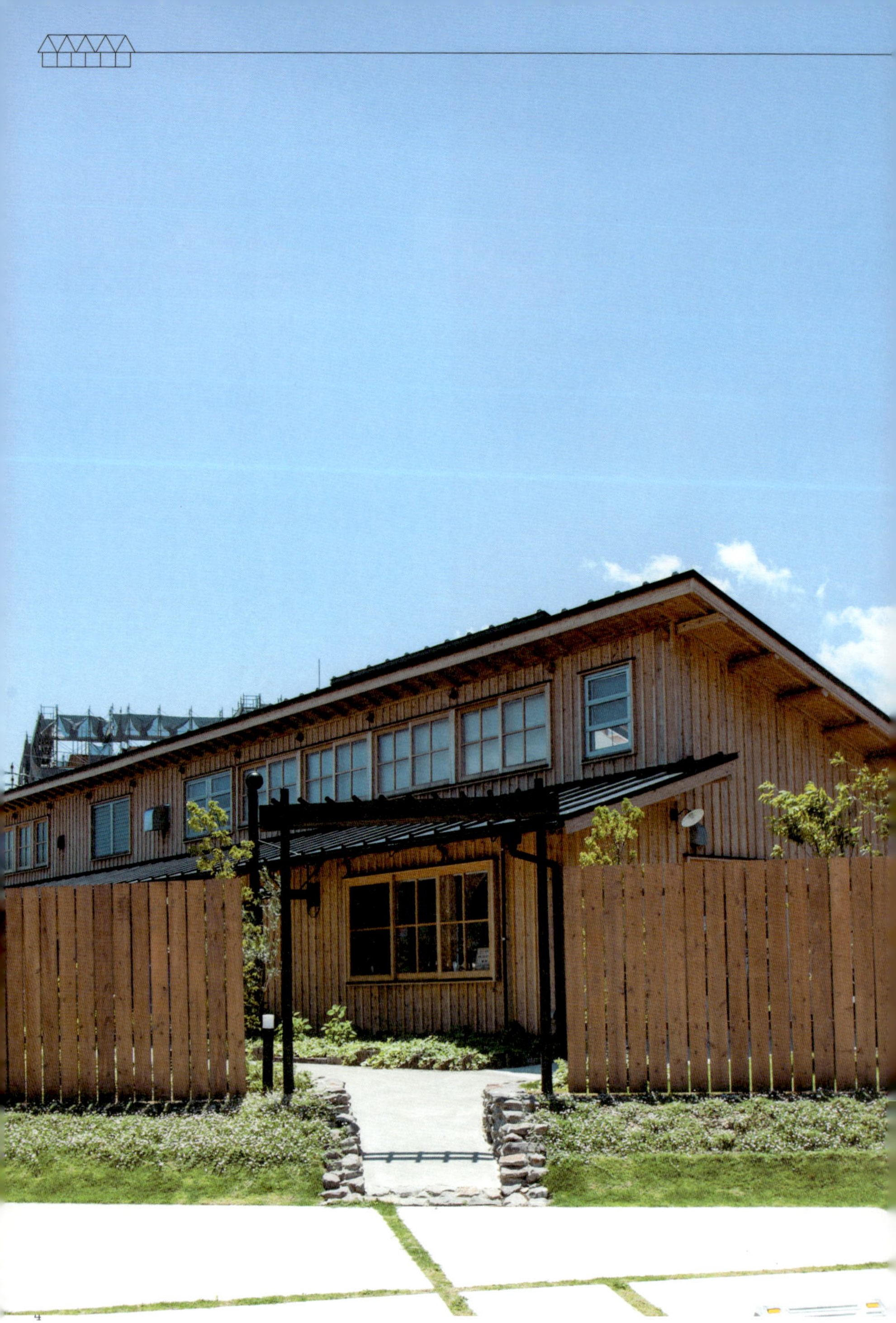

修一住院那会儿，总是忍不住向我吐苦水："我真是太讨厌医院笔直的走廊啦。"MACHI SANA 整体上都是木结构，走廊也采用了带有弧度的设计，充满了温度。我经常劝他："不要急，慢慢来吧。"

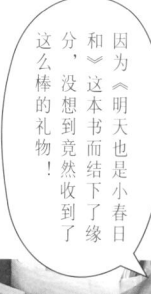

修一先生和 MASHI SANA 2

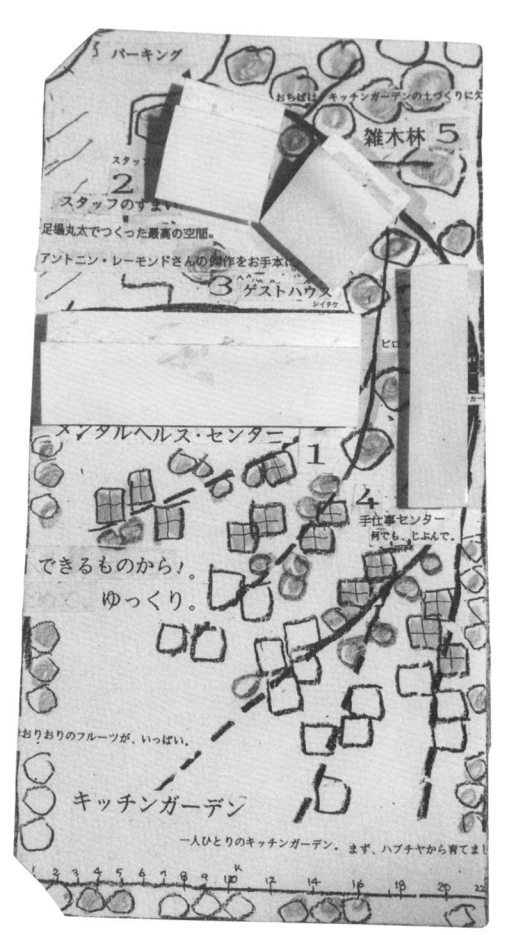

修一先生设计的草图。考虑到建造时的实际情况，"委托给了珍爱木材的木匠师傅进行建造，虽然贵点，但是人比钱靠谱哇。"他这样说道。

> 因为《明天也是小春日和》这本书而结下了缘分，没想到竟然收到了这么棒的礼物！

> 从九州伊万里传来了天大的好消息！我设计的心理健康中心居然真的实现啦！

过一段『无悔的人生』

时间比金钱更重要

修一先生喜欢把重要的内容写下来。上面这句话原本是他写给自己的，意在提醒自己时间的重要。而今，这句话早已超越了时空，成为警示我们的箴言。

为夏季做准备的途中溘然长逝

每年的 6 月上旬，津端家都会取下障子，换上苇箔做的门，这已经成为夏季惯例。今年这项工作刚完成，津端先生便突然撒手人寰。

遗言

津端会把工作事项和重要事件记下来做成年表，这个年表就是他的个人史，上面还写有"津端修一的遗嘱"。

修一先生的遗嘱

讣告来得非常突然。据英子女士描述，修一先生走得非常安详，是"在午睡中与世长辞"的。前几天又是取障子，换苇箔门，又是收梅子的，一直忙于夏季的各种事情。因此，在他刚走后的那段时间里，我觉得他仿佛还在我身边，对于他离开这件事还没有什么实感。现在，偶尔也会惆怅地想到："哦，已经见不到他了啊。"

修一先生喜欢记录，他常把身边发生的事都记录下来。在身体很好的时候，他就已经写好了"愿骨灰撒入大海"的遗嘱。"还说，英子，要是你的骨灰和我的骨灰混在一起，也撒入大海就好了。平时聊起来，他都很自然地提到这个愿望。我也总是对他说，那你可要把这些都事先在本上写清楚喽！"

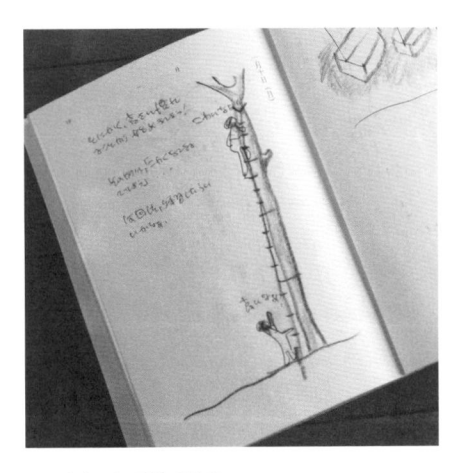

日记本上只记录快乐的事

修一先生有一个袖珍日记本，里面都是空白页，他喜欢将每天发生的事情用手绘＋文字的形式记录下来。"只在上面记录快乐的事情。比如：吃过的食物、制作的物品、季节活动等。内容简洁而生动，每次翻阅都让人会心一笑。"

『无悔的人生』

"他是一个乐天派，总是喜欢开心的事情。下班回到家后，一见到孩子们就会说：有很开心的事情哟！吃完饭后会和孩子们一起制作地形模型等。在外甥女花子6岁生日时，还给她做了一个玩偶之家作为生日礼物。为此，他非常认真地做了设计图。玩偶之家采用木制结构，其精细程度令人叹为观止！制作好之后，他还特意用一层布盖在上面，来到花子面前后揭开，非常有仪式感的一幕（笑）。"

从大学退休后，修一先生在家待的时间就多了起来。为了方便英子女士做农活，他将菜园里的土地做了划分，还根据功能不同将农田用具涂成了不同的颜色。此外，还承担了晾晒衣物的角色。

"必须快乐做事，是修一的人生格言。"

花子的玩偶之家

应外甥女的要求，修一先生制作了一个玩偶之家。制作前，先精心画了设计图。从小小的家具，再到厨房用具等均为木制结构，且全部采用手工制作而成。作品还参加了东急手工大赏。

2004年春，修一先生得到了去爱知县明治村进行访问的机会。也正是在这次访问的过程中，初次邂逅了"无悔的人生"这句格言。明治村是一个野外博物馆，通过将明治时代具有代表性的建筑物集中移建于此而形成。身为建筑师的修一先生对这些建筑百看不厌，将各处都细细看了个遍。在幸田露伴住宅书院的书桌前坐下后，他注意到了"あとみよそわか"这句格言。

这是露伴在指导他女儿文打扫卫生时，经常挂在嘴边的一句话。即便是打扫卫生，露伴也严格要求女儿，甚至可以称之为"锻炼"。所谓的"あとみよ"是指"回望印迹，进行再次确认"，"そわか"是梵语，意思是"成就"。修一先生道出了对这句话的理解：即使认为自己已经做得很棒了，也要再次确认下结果，这点非常重要。"这简直成了我们生活中的座右铭，他不时就会来这么一句，并且乐在其中。"

修一先生的金句

在日常生活中，修一先生无意中给英子女士留下了许多金句良言。有些是说给他自己听的，有些则是对他本人影响深远的哲理，还有的是给英子女士的建议等。这些话语至今还回响在英子女士心中，并将其整理成了语录。

"津端哪，
一个楔子不够了就用两个，
两个楔子不够了就用三个，
你必须得时常
考虑到下一步才行啊"

这是修一先生在公团时，他的上司给他说的话。他一直牢牢记着并认真践行。不仅如此，还时常拿来与我分享。这句话不光适用于工作，对家庭及人际关系都有指导意义。

"明天也要努力"

这是修一先生晚年，每天晚上临睡前对自己说的话，用来勉励自己。有时候需要给自己一些积极的暗示和压力。

慢工出细活，虽然费时间，
却能在此过程中发现一些东西，
因此不要依赖别人，凡事要亲力亲为。

　　我自小就过着衣食无忧的生活，凡事根本不需要自己动手，周围人都替我做了。所以，结婚后依然改不了让人替我做事的习惯。好像一有点事，我就央求别人："你替我做了吧？"于是，修一对我说："英子啊，凡事要自己动手哪！一天做不完就用两天，两天做不完就三天。慢工出细活，经过这一过程肯定能学到东西，这样也能增强你的自信。"修一还在世时，总能替我注意到很多细节，我还有个依赖。现如今，只剩下我一个人了，凡事必须自己来做。如果不这样的话，就会又养成依赖他人的习惯。

**大自然是最好的范本，
简单即是最好的。
将脑海中呈现的内容
用手立即
在纸上描绘出来。**

　　修一曾经在安托尼·雷蒙德处工作了5年，这是他学到的最重要的内容。终其一生，修一都将其奉为工作的核心准则。这个准则也是我们房子的设计理念，房子用公团退休金建造而成。

这是修一先生为英子女士定做的西装外套，他说：英子适合白色。英子女士会在特别的日子里穿上这件衣服。

英子啊，
他人亲手写的内容
可不能扔了，
要好好珍藏起来啊！
这些都非常珍贵呀！

这方面的话题，修一虽然没有具体展开过。但是，他经常给我看他写好尚未邮寄的信，或者朋友们写给他的信等。有时夜深了他还在工作，也会给我看他工作的内容。

他这些举动无形中教会了我很多东西。

"英子啊，重要的事情必须用个牌子标记出来哪"

一开始在院子里栽种杂木林的时候，我还在里面混着栽种了许多我喜欢的花。但是有一些花，比如铁线莲等，一到冬天就变得跟棍儿一样。因此，很难识别出来是花还是杂草。有一次，修一不留神把它拔掉了。为了防止再出现这样的情况，修一就制作了黄色的标记牌。这样，即使到了冬天，树枝变得光秃秃了，也很容易识别出来。

此外，修一还把农具的手柄涂成了黄色。这样，即使东西放乱了，也能很快找出来，这就是修一。遇到问题时，他总是想办法去规整和解决，而不是说教。

这片杂木林，
一到冬天叶落殆尽，
暖暖的阳光穿林而过，洒满家中的每一个角落，
夏天枝繁叶茂，将酷暑挡在外面，为家中送来清凉。

  移居到高藏寺之后，我们开始一锨一锨地挖土刨坑，种植杂木，终于长成了如今的参天大树。
  岁月养育了树木，也最终成就了我家现在的模样。最开始只有一间房，到现在不仅有了织布房、儿童房、农具房，甚至还建造了放置书稿等的书库。
  有了点积蓄之后，我们就建造一间房，随后再有一些就再建造一间，就这样一点一点积累起来。这个300坪的土地上，每一寸都饱含修一的心血和汗水。

修一先生的插画集

修一先生深谙手绘作品的奥妙,因此不光记录本上大量运用了手绘,就连信件和待客的各种地方都用上了手绘。

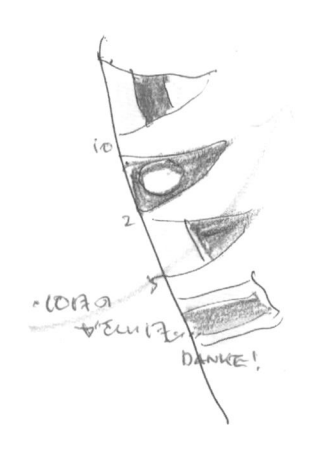

扇子上的津端夫妇都穿着短袖,从中可以看出绘画时的季节。

来客席位上放着木牌,上面写着"欢迎,请慢用"。

两个人的插图记录了彼时两个人的年龄。2015年过年时制作的风筝保留至今。

88岁去塔希提塔岛旅行时使用的帆布背包。"正中央的画上只有修一一个人，因为当时我没有去。"英子女士说道。

为了纪念《明天也是小春日和》的出版而制作的木牌。这个是供客人带回去的，一笔一画写得非常认真。

英子女士最后的话

从小家里人就很宠溺我，出嫁前一直过着衣食无忧的生活。也正因为如此，养成了凡事喜欢依赖别人的性格。

结婚后第一次有人告诉我，如果你一个人能做的事情，那就试着自己慢慢去做。这样一来你总能发现新的东西。并且，在这个过程中，你能获得快乐和成就感。这个人就是我的先生。

我先生在日常生活中话不多。但是，在这60年间，他总是会劝我去读他写的稿件，或者是朋友写给他的信，以及双方间往来的信件，又或者每次演讲时他所写的演讲稿等。原本我见识有限，会做的事情更是少之又少。如今我不仅积极拥抱生活，而且可以轻松把事情做好。这一切，都要归功于我的先生。

到现在为止共出版了两本书，现在这本是第三本，也是最后一本书。正是有了我的先生才有了这样的成果。此外，还要感谢作者野野濑及摄影田渊不辞劳苦的付出。俩人每月一次，风雨无阻来这里进行摄影及取材，没有他们，这本书就无法面世，在此深表

感谢。我先生天性好客，喜欢热闹。对他而言，这是一段非常快乐的时光。此时，与大家一边用餐，一边愉快交谈的温馨画面又浮现在我眼前。

明年我也90岁了，为了保持身体健康，还是会和以前一样注意每餐的饮食，尽量不给小辈带来麻烦。给自己定好每天的任务并努力去完成。不去想年龄，也不和衰老较真，只是每天认认真真地生活。

一个人生活这件事，只要自己不刻意去想还是可以过得很快乐。总之要让自己动起来，时常鼓励和肯定自己。

近来，我有时会突然想起"老来难"这句话，而此前从不曾有过这样的体会和念头。即使如此，我还是决定今后只想快乐的事情，做自己喜欢的事情，快乐而努力地活下去。

英子

结语

永远的小春日和

至此,

英子女士和修一先生

纺织、种地、建造小木屋,

如诗般的田园生活,

已经完全呈现

给了大家。

这本书也是"小春日和"的

最终篇章,

俩人的故事,

也将永远激励大家。

希望你明天也是小春日和,

希望你人生无悔。

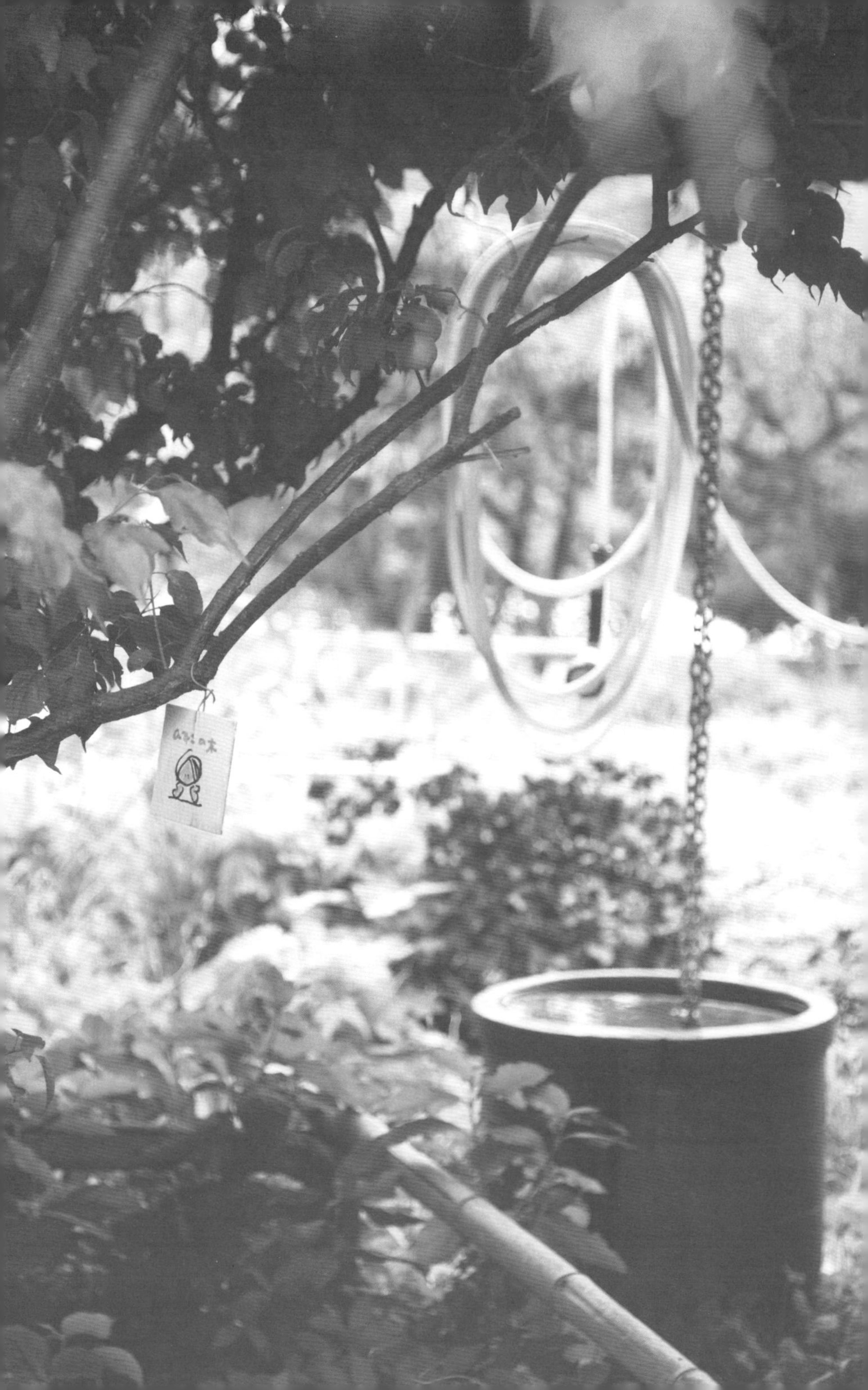

图书在版编目（CIP）数据

永远的小春日和之人生无悔 /（日）津端英子,（日）津端修一 著；杜慧鑫 译. — 北京：东方出版社，2020.1
ISBN 978-7-5207-1171-5

Ⅰ.①永⋯ Ⅱ.①津⋯ ②津⋯ ③杜⋯ Ⅲ.①人生哲学—通俗读物 Ⅳ.①B821-49

中国版本图书馆CIP数据核字（2019）第188824号

KINOU, KYOU, ASHITA. by Hideko Tsubata and Shuichi Tsubata
Copyright © 2017 by Hideko Tsubata, Shuichi Tsubata
All rights reserved.
Original Japanese edition published by SHUFU-TO-SEIKATSU SHA LTD.
This Simplified Chinese language edition is published by arrangement with SHUFU-TO-SEIKATSU SHA LTD., Tokyo in care of Tuttle-Mori Agency, Inc., Tokyo through Inbooker Cultural Development (Beijing) Co., Ltd., Beijing.

著作权登记号　图字：01-2019-4293

永远的小春日和之人生无悔
(YONGYUAN DE XIAOCHUN RIHE ZHI RENSHENG WUHUI)

作　　者：【日】津端英子 津端修一

日文版工作人员

装订设计：（日）池田纪久江
采访及文：（日）野々瀬广美
摄　　影：（日）田渕睦深
企划编辑：（日）吉川亚香子

统　　筹：吴玉萍
责任编辑：赵爱华
责任审校：曾庆全
装帧设计：张艾米
出　　版：东方出版社
发　　行：人民东方出版传媒有限公司
地　　址：北京市朝阳区西坝河北里51号
邮　　编：100028
印　　刷：北京联兴盛业印刷股份有限公司
版　　次：2020年1月第1版
印　　次：2020年1月第1次印刷
开　　本：889毫米×1230毫米 1/32
印　　张：5
字　　数：100千字
书　　号：ISBN 978-7-5207-1171-5
定　　价：49.80元
发行电话：(010) 85924663 85924644 85924641

版权所有，违者必究
如有印装质量问题，我社负责调换，请拨打电话：(010)85924062　85924063